PADS Circuit Principle Diagram & PCB Design Practice

PADS电路原理图
与PCB设计实战

黄杰勇　路月月　杜俊林　林超文 编著
Huang Jieyong　　Lu Yueyue　　Du Junlin　　Lin Chaowen

清华大学出版社
北京

内 容 简 介

本书以 Mentor Graphics 推出的 PADS 9.5 中的 PADS Logic、PADS Layout、PADS Router 为基础,详细介绍了使用 PADS 9.5 制作电路原理图以及 PCB 设计的方法和技巧。本书结合设计实例,配合大量的示意图,以实用易懂的方式介绍 PCB 设计流程和常用电路模块的 PCB 处理方法。

本书注重实践和应用技巧的分享。全书共 14 章,主要内容包括:PADS 软件的概述和安装、绘制单级共射放大电路原理图、PADS Logic 元件库管理、PADS Logic 原理图设计、PADS Layout 图形用户界面、PADS Layout 元件库管理、电源转换电路 PCB 设计、PADS Router 布线操作、相关文件输出、USB HUB 设计、ISO485 PCB 设计、武术擂台机器人主控板设计、4 层板设计实例、单片 DDR3 设计等。

本书可作为高等学校相关专业的教学参考书,也适合从事电路原理图与 PCB 设计相关的技术人员阅读。

图书在版编目(CIP)数据

PADS 电路原理图与 PCB 设计实战/黄杰勇等编著. —北京:清华大学出版社,2018(2018.12重印)
ISBN 978-7-302-49210-8

Ⅰ. ①P…　Ⅱ. ①黄…　Ⅲ. ①印刷电路—计算机辅助设计—应用软件　Ⅳ. ①TN410.2

中国版本图书馆 CIP 数据核字(2017)第 331723 号

责任编辑:曾　珊
封面设计:李召霞
责任校对:时翠兰
责任印制:李红英

出版发行:清华大学出版社
　　　　　网　　　址:http://www.tup.com.cn, http://www.wqbook.com
　　　　　地　　　址:北京清华大学学研大厦 A 座　　　　邮　　编:100084
　　　　　社 总 机:010-62770175　　　　　　　　　　邮　　购:010-62786544
　　　　　投稿与读者服务:010-62776969, c-service@tup.tsinghua.edu.cn
　　　　　质量反馈:010-62772015, zhiliang@tup.tsinghua.edu.cn
　　　　　课件下载:http://www.tup.com.cn,010-62795954
印 装 者:清华大学印刷厂
经　　销:全国新华书店
开　　本:185mm×260mm　　　印　张:20.25　　　字　数:495 千字
版　　次:2018 年 4 月第 1 版　　　印　次:2018 年 12 月第 3 次印刷
定　　价:59.00 元

产品编号:076628-01

序言
FOREWORD

"工欲善其事,必先利其器",欲要成器,必先明理。

在使用 PADS 之前,先别急着马上动手画 SCH 电路和 PCB 布板,准备工作更重要,有几个易忽略但是比较重要的要点,需要理解和重视,才能创作出完美的作品。

沟通与交互

沟通过程中最重要的是清楚地了解用户需求,最好有明确的文档能把目标产品的造型设计、结构设计、各部件的空间位置等重要数据明确下来。要充分了解目标产品的功能要求、技术指标、认证规范等。大多数情况下,设计目标在初期只是个草案,所以要和相关的人员进行沟通,把细节定下来,形成文档后才动手。我的习惯是先用 CorelDRAW 软件做出造型和元器件布局,先评估空间和布局,并和结构配合,然后用 Excel 做芯片引脚和进出端口关系定义,然后才着手 SCH 电路及 PCB 板设计。

电路图要点

大多数电路板设计都是与"电"有关的,PCB 的供电状况、负载用电状况是要搞清楚的,与电有关的基本知识,如电压、电流、电阻、电容、电感的定义和它们之间的关系要真正弄懂。电子电路一般涉及 MCU 芯片,A/D,D/A,通信及高频电路的设计。MCU 要规划如引脚的使用、供电处理、I/O 处理,涉及模拟量时要注意元器件精度漂移、热效应等。通信电路要注意 ESD/雷击、阻抗匹配等电路处理。画电路图最重要的是电路连接的正确性,其次是元器件参数的正确性,这两项是保证电路能正常工作的关键。另外,一些芯片的电源引脚是在图上未表示出来的,要注意网络名不要漏了,元器件的封装脚与电路图的元器件脚要对应,我的习惯是在原理图中把各功能模块用线路或总线连接起来,而非只用网络标号,图框分纵横区,跨页的电路用标识标注 From-To,方便"跟线",另外,元器件型号和参数也应标注清楚。

电路板要点

首先,电路图要和电路板同步,且没有错误,这是最基本的条件。画电路板要先确定 Grid 栅格规范,确定布线规则、确定电路板边框和原点,然后按结构尺寸摆放关键元器件,确定安装孔及卡口等位置后,才正式开始布线。PCB 的线宽、间距、PAD/VIA 大小,是与电路的信号频率、电流、安全间距有关的,这要求具备电力及电子的相关知识,一般情况下,分为电源、信号、功率三部分。这三部分的 PCB 设计是有不同的参数和要求的,特别是有安全要求的,其线路间距很重要。高频电路难度更大,可以使用专用工具辅助设计。有些元器件生产厂家提供设计参考,这些都是很有价值的指导。另外还要注意最小线宽和间距、孔径等,这与 PCB 的成本和不良率有关系。对元器件的封装也要重视,否则安装后焊接不了就失败了。

安全与规范

电子产品需要经过安全认证,对相关规范要了解清楚,例如供电、接地、电气隔离、电气安全距离、抗干扰措施、"三防"处理措施等,均应在设计前明确下来。

元器件的选型也要注意是否有认证、是否无铅、耐热特性、工作寿命,以及是否有防爆要求等。

在处理高电压、大电流或安全隔离的情况时,更应注意设计安全规范,有些时候,这和产品的成本也有很大关系,想要符合安全规范,又要质量好,成本是少不了的。

电子元器件

电子产品的质量与电子元器件的选型和参数的确定有很大的关系,在设计前,仔细阅读所采用的元器件规格书,把外观尺寸、引脚定义、电参数规范等全面进行了解,并要考虑元器件的质量、成本、采购 MOQ 及货期,必要的元器件替代,也要在 SCH 和 PCB 设计时考虑在内。

SCH 和 PCB 设计时,元器件本身的设计是必须做好的。软件本身带的元器件库,也有很多元器件没有包括在内,需要自己做。规范的元器件库非常重要,可以为你节省很多时间。设计电路板时,元器件的选择也很重要,适合多种替换元器件的设计是要考虑的,否则到量产时会造成出货或成本限制。如果需要的话,我会设计一些特殊焊盘,可以适合多种有封装差异的元器件,从而解决问题。

设计的文化

设计的文化和个人的技术积累、设计风格、个人对工作的定位和追求有关,也和个人的人生价值观有关。我个人设计产品,比较注意的是作品要遵循大自然的规则,也就是所谓的"道"。例如,图纸(SCH 或 PCB)的空间布局相呼应、输入输出及信号、电源的流向有讲究、PCB 的外形、孔位、连接器分布、内部元器件分布讲究对称和工整、所有元素均在 Grid 点上、线路纵横走向遵循一定的规则,颜色、字体及大小有统一规范。总的来说,设计出的作品要符合逻辑,让人容易理解,也要有艺术感,能体现作品的美感。不管是 SCH 或 PCB,我都是精心雕琢,力求尽善尽美,自己看着也舒服。

以上是我个人的经验,不一定适合每个人的工作习惯和风格,找到最适合自己的,才是最好的。我用过的 PCB 设计软件很多,从 DOS 时代的 Artwork、ORCAD 等,到现在的PADS、DXP 等,感觉到时代变化很快,技术不断地进步,新的软件工具的功能非常强大和优秀,自己都快跟不上了。不管怎样,我觉得做事必须专注,不要有太多杂念,也无须追求最新,找一个自己能掌握好的软件工具,就能做出完美的作品。

　　谨以本文,作为本书之序,献给各位同仁及爱好者,希望对您有所帮助,不尽之处,敬请谅解。

2018-1-20, ZDAUTO. 翠主编

前言
PREFACE

电路板设计也叫 PCB(Printed Circuit Board,印制电路板)设计,它以电路原理图为根据,实现电路设计者所需的功能。PADS 软件是 Mentor Graphics 公司的电路原理图和 PCB 设计工具软件。目前,该软件是国内从事电路设计的工程师和技术人员主要使用的电路设计软件之一,是 PCB 设计高端用户最常用的工具软件。PADS 作为业界主流的 PCB 设计平台,以其强大的交互式布局布线功能和易学易用等特点,在消费电子、半导体、通信、医疗电子等当前最活跃的工业领域得到广泛的应用。

本书由高校教师与从事 PCB 设计的一线工程师合作编写。作为一线的教学人员,作者具有丰富的教学实践经验与教材编写经验,多年的教学工作有助于准确地把握学生的学习心理与实际需求。同时,从事多年 PCB 设计的工程师参与了本书编写工作,能够在编写工作中紧紧结合具体项目,理论结合实例。在本书中,处处凝结着教育者与工程师的经验与体会,贯穿着他们的教学思想与工程经验,希望能够给广大读者的学习(尤其是自学)提供一个简洁、有效的途径。

本书以 PADS 9.5 中的 PADS Logic、PADS Layout、PADS Router 为基础,重点介绍 PADS 9.5 原理图与 PCB 设计的方法和技巧。本书通过"案例教学法"进行编写,通过实施一个完整的案例进行教学,把理论与实践教学有机地结合起来,充分发掘学生的潜能,提高学生解决实际问题的综合能力。全书共 14 章,主要内容包括:

第 1 章为 PADS 软件的概述和安装;

第 2 章为绘制单级共射放大电路原理图;

第 3 章为 PADS Logic 元件库管理;

第 4 章为 PADS Logic 原理图设计;

第 5 章为 PADS Layout 图形用户界面;

第 6 章为 PADS Layout 元件库管理;

第 7 章为电源转换电路 PCB 设计;

第 8 章为 PADS Router 布线操作;

第 9 章为相关文件输出;

第 10 章为案例实战(1): USB HUB 设计;

第 11 章为案例实战(2): ISO485 PCB 设计;

第 12 章为案例实战(3): 武术擂台机器人主控板设计;

第 13 章为案例实战(4): 4 层板设计实例;

第 14 章为案例实战(5): 单片 DDR3 设计。

本书在写作过程中,注意由浅入深,从易到难,图文并茂,语言简洁,思路清晰。通过对本书的学习,读者可以真切地体会出使用 PADS 设计电路板的内在规律以及原理图和 PCB 设计的思路,从而提高电路板设计的能力。本书既可作为电路板设计初学者的入门教材,也可作为高等院校电子技术应用、电子信息工程、机电技术应用、数控自动化等相关专业的教学参考书。

参加本书编写的有黄杰勇、路月月、杜俊林、林超文,在编写过程中,还得到中山市智达自动化科技有限公司缪立循总经理提供的指导和支持,在此,向他们表示衷心的谢意。

由于编著者水平有限,书中不足之处在所难免,望广大读者批评指正。

编　者

学习建议

初级 PCB 设计者需要了解 PCB 和元器件的基础知识，这样才能设计一些简单的 PCB。此外，掌握电子电气的基础知识也是必要的，有了这些知识，就可以理解"为什么导线要设置这么宽""为什么导线之间的安全间距要设置这么宽"等问题。目前，很多 PCB 设计师学历并不是很高，而很多具有大学工程学位的设计者却只能设计简单的 PCB。所以，想从事 PCB 设计工作，要对自身能力有信心，不是学历决定能力。目前本科和大专院校电类专业一般都设有电路分析、模拟电路和数字电路等基础课程，在校学生需要认真学好这些基础课程。对于本书的学习，重点放在软件的熟悉和案例的练习上。下面给大家谈谈软件的选择和案例的学习。

选择合适软件并熟练掌握

初学者对于 PCB 设计软件的选择，一直是一个比较困惑的问题。在众多纷繁复杂的 PCB 软件当中，认清主流软件尤为重要。这将有助于节约我们的时间成本和选择成本，毕竟每个 PCB 设计软件的操作界面、功能模块以及侧重点都有所不同。目前主流的软件有 Altium Designer、Cadence Allegro、PADS 和 Mentor EE，每个软件各有特点。

➤ **Altium Designer**——简单易学，适合初学者，容易上手，是一个完整的板级全方位电子设计系统，包含了电路原理图绘制、模拟电路与数字电路混合信号仿真、多层印制电路板设计、可编程逻辑器件设计、图表生成、电子表格生成、支持宏操作等功能，并具有 Client/Server 体系结构，同时还兼容一些其他设计软件的文件格式。

➤ **Cadence Allegro**——拥有非常完善的规则设置，用户按要求设定好布线规则后，按照布线规则来设计就可以达到设计要求。具有强大的复用功能，能极大缩短设计时间，同时，可以实现多人处理一块 PCB：把板子划分成若干个区域，让多人同时进行设计。还有强大的走线、Hug 功能和后期优化功能，为用户提供更多便捷。

➤ **PADS**——易上手，适合于中低端设计，是现在市场上使用范围较广的一款 EDA 软件，适合大多数中小型企业的需求。软件不带仿真工具，设计高速板时，要结合其他专用仿真工具，如 Hyperlynx。提供与其他 PCB 设计软件、CAM 加工软件、机械设计软件的接口，方便不同设计环境下的数据转换和传递工作。

➤ **Mentor EE**——采用业界先进的 AutoActive 技术，实现了复杂设计的操作易用性和高级功能的单一环境的集成。采用统一数据库、同一用户界面和设计规则，从而可消除完成一个设计须管理多种工具的困扰。在企业级 PCB 设计平台上，原理图和 PCB 可以同时进行，设计和仿真分析可以同时进行，有效地提供企业级设计数据沟通，是很好的多人团队设计平台。

　　PCB 设计是整个电子制造加工中的重要环节,在甄别主流 PCB 设计软件的时候,更应该关注自身的应用需求——是简易至上还是功能强健。本书选择 PADS 作为 PCB 设计软件,主要考虑操作简单、应用广、占系统资源较少等因素。

　　对于刚接触 PADS 的读者,建议多花时间熟悉软件的环境和操作。本书第 2、3、4、5、6、8 章介绍了 PADS Logic、PADS Layout、PADS Router 三个模块的基本操作和功能设置,先对软件模块逐一了解,并熟练掌握元器件的建库(第 3、6 章)方法。元器件建库是 PCB 设计的入门操作,已经学过 PADS 的读者,可以直接跳过这几章。

案例练习

　　PCB 设计涵盖领域广,如工业控制、消费电子、医疗电子等;涉及知识多,如高频、高速、高压等;符合标准高,如 EMC、ESD、安规等。对初学者来说,需要找到一个切入口学习,进而慢慢深入。本书在编写上安排多个应用案例,初学者在 PCB 设计上应掌握一些基本模块设计步骤和方法,从简单设计(第 7 章)到复杂设计(第 12、13、14 章),逐步掌握设计技巧,提高设计效率。

　　本书选择的案例有简单 PCB 设计,如第 7 章的电源转换电路 PCB 设计。在第 7 章中,包含 2 个电源模块 PCB 设计:简单的 MP1470 电源模块和复杂的 ADP5052 电源模块。读者可以先掌握 MP1470 电源模块的 PCB 设计,该案例的 PCB 设计采用芯片手册推荐的 PCB 布局。从本例的设计中,主要给读者提供一种方法:从元器件手册中了解元器件的参数及典型应用电路。在具体电路设计中,涉及元器件众多,设计上需要经常查阅元器件的手册,很多情况下,可以直接采用元器件推荐的电路和 PCB 布局。

　　本书第 11 章以 RS485 通信协议为例,介绍了该通信协议的 PCB 设计。案例涉及隔离设计以及差分走线,读者可以结合第 8、10 章的介绍,学习怎样实现差分走线。

　　本书第 12 章,介绍复杂的控制板 PCB 设计,以具体竞赛作为设计背景,涉及 MCU、电源、电机、传感器等模块的布局和布线设计,与前面的例子相比更具综合性。读者在该案例的 PCB 设计前,需要对电路原理有所了解。

　　本书第 13 章,介绍层叠设计的原则和 4 层板的 PCB 设计。随着生产技术的进步,多层板的生产费用不断下降,多层板设计越来越普遍。设计人员在设计 PCB 层叠方案时,可以参考书中 13.2 节,里面所述方案均为编者多年设计经验。本章的设计案例中,涉及 FPGA,读者可以先对相关知识进行学习。

　　本书第 14 章,以单片 DDR3 的 PCB 设计为例,向读者介绍 BGA 器件的 PCB 设计方法,按布局、扇出、布线、等长的步骤逐步介绍,读者可以按照设计步骤,慢慢练习。

　　另外,在本书第 9 章,介绍怎样输出面向生产和面向装配所需要的资料。在这一章,读者需要认识到,PCB 设计不是把飞线连通就完成,后续还涉及生产、器件采购、装配等环节,每一环节都与 PCB 设计人员相关,例如物料清单(BOM)参数不完善,就得多次沟通才能采购正确物料,所以,相关文件输出尤为重要。

　　最后,在开始学习 PADS 前,谨以"驽马十驾,功在不舍"与大家共勉。

目录
CONTENTS

第1章 PADS 软件的概述和安装

CHAPTER 1

万丈高楼平地起,学习一个新软件时,需要先选择合适的软件和版本,再到安装软件搭建设计环境。

1.1 PADS 的发展

PADS 软件是 Mentor Graphics 公司的原理图和 PCB 设计工具软件。目前该软件是国内从事电路设计的工程师和技术人员主要使用的电路设计软件之一,是 PCB 设计中高端用户最常用的工具软件。

PADS 的发展历史(按时间先后顺序)如下:

➢ 1986 PADS PCB (DOS 版本)

➢ 1989 PADS Logic (DOS 版本)

➢ 1990 PADS 2000(DOS 版本)

➢ 1993 PADS Perform (DOS & Windows 版本)

➢ 1995 PowerPCB V1.0 (Windows 95 版本)

➢ 1997 PowerPCB V2.0 (Windows NT 版本)

➢ 1998 PowerPCB V3.0 (Windows 98 版本)

➢ 2000 PowerPCB V4.0 (Windows ME、Windows 2000 版本)

➢ 2001 PowerPCB V5.0 (Windows 2000、Windows XP 版本)

➢ 2003 PADS Layout 2005(Windows 2000、Windows XP 版本)

➢ 2007 PADS Layout 2007(Windows 2000、Windows XP 版本)

➢ 2009~2011 PADS Layout 9.0~9.41 (Windows 2000、Windows XP、Windows 7 版本)

➢ 2012 PADS Layout 9.5 (Windows 2000、Windows XP、Windows 7 版本)

➢ 2012 年 10 月 18 日发布 PADS 9.5 版本

Mentor Graphics 公司的 PADS Layout/Router 环境作为业界主流的 PCB 设计平台之一,以其强大的交互式布局布线功能和易学易用等特点,在通信、半导体、数码消费电子、医疗电子等当前最活跃的工业领域得到了广泛的应用。PADS Layout/ Router 支持完整的 PCB 设计流程,涵盖了从原理图网表导入,规则驱动下的交互式布局布线,DRC/DFT/DFM 校验与分析,直到最后的生产文件(Gerber)、装配文件及物料清单(BOM)输出等全方位的功能需求,确保 PCB 工程师高效率地完成设计任务。

1.2　PADS 9.5 的新功能及特点

PADS 9.5 的新功能及特点如下。

➢ 底视图：PADS 9.5 允许从底部显示设计文件。所有的功能（如放置、编辑、走线）都可以在顶视图或底视图模式下完成。通过查看菜单、无模命令（B 键）或 Alt＋B 组合键来切换顶视图和底视图。

➢ 自动化接口增强：在 Layout 和 Router 中，添加了一些自动化方法用于设置和获取当前层；运行无模命令 Z ＊（＊为目标层），如 Z 26 表示打开并将当前层切换到 26 层。

➢ 虚拟管脚（Virtual Pins）：PADS 9.5 中添加了支持虚拟管脚的功能，进一步增强了在 PADS 中实现多片 DDR ＊走线方面的功能。虚拟管脚也被称为 T 点和分支点。PADS 9.5 允许用户定义一个点，通常从驱动器到这个点"分支"出去到多个接收器。可以定义独特的间距和高速设计规则到这个新的拓扑结构。虚拟管脚在 PADS 中是一个独特的实体，可以通过弹出菜单添加虚拟管脚到设计/网络中，它具有 PADS 中其他对象的典型特性（如移动、删除、固定、选择、添加测试点、查看特性以及过滤器对话框），连接到虚拟管脚的连线，可以通过交互式或自动的方式来走线。

➢ 封装中定义放置禁区：现在可以直接在封装编辑器中定义放置禁区。在 Layout 和 Router 中，这些禁区会被在线 DRC 和设计校验识别。

➢ PADS Viewer 中的平面层连接：现在，PADS Viewer 允许对覆铜和平面区域重新覆铜，而不是像以前一样，只是还原上次的覆铜。

➢ 中文菜单：PADS Layout、Router、Logic 和 DxDesigner 所有的菜单和对话框都可切换到简体中文、英文、日文、葡萄牙（巴西）语。

➢ 可直接打开 Orcad、DXP 和 AD 版本的设计文件：从 PADS 9.4.1 版本以后，PADS 支持直接打开 Orcad、DXP 和 AD 的设计文件，兼容性更好。

➢ Logic 下可以同时修改多个 Part：PADS 9.3 以上版本支持在 Logic 中选取多个元件，进入右键属性框进行编辑修改。

➢ 关联网络（Associated Nets）：Layout 和 Router 下都可设置 Associated Nets，电阻（排阻）两端网络的等长工作变得更为简单。

➢ Router 增加 Find 功能：可以在 Router 实现 Find 功能，不用再更换到 Layout 中。

➢ Router 的跟随走线：跟随已布的线走线，无论光标放在哪里，都会跟随上面的走线；如果跟随板框，无论光标放哪里，都会紧贴着板框走线。

➢ Layout 的 2D 线捕获和 Snap 自动捕捉：可以进行 2D 线和板框的闭合、打断。在电路设计中，会遇到更改结构图的情况，利用 Snap 自动捕捉则可以让新结构图与旧的板框对齐。

1.3　PADS 9.5 软件的安装

PADS 9.5 是一个完全独立的安装包，更新了用于 Layout 和 Router 设计的数据库和 ASCII 格式。PADS 9.5 的库格式没有改变。PADS Logic ASCII 和数据库格式与 PADS

9.x 相同。PADS 9.5 默认安装路径是 C:\MentorGraphics，为避免覆盖老版本，最好使用一个新文件夹来安装。在安装 PADS 9.5 版本之前，请备份老版本 PADS 设计和元件库。如果计算机里没有旧版 PADS，请忽略此段。

建议操作系统为：

➢ Windows XP；

➢ Windows Vista(2007.2 以上版本)；

➢ Windows 7。

建议硬件配置为：

➢ CPU 至少要 Pentium Ⅲ 500MHz；

➢ 内存容量建议 512MB 以上；

➢ 三键或滚轮鼠标器；

➢ 1024×768 像素的分辨率，256 色显示；

➢ 建议 1.5GB 以上硬盘空间。

(1) 将 PADS 9.5 的安装光盘放入光驱，双击安装文件，等待进入如图 1.1 所示的安装界面。

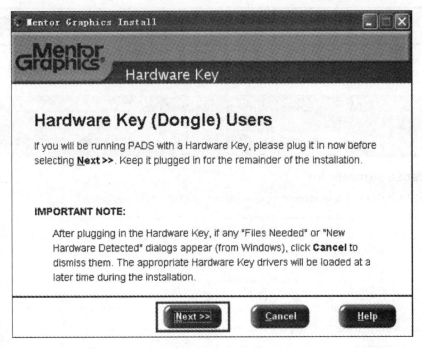

图 1.1　PADS 9.5 安装界面

(2) 单击 Next 按钮，系统将弹出 Welcome to PADS Installation 窗口，如图 1.2 所示，提示当前没有检测到 license 文件，单击 Skip 按钮继续下一环节。

(3) 如图 1.3 所示，单击 Agree 按钮，同意许可协议，进入下一个安装界面。

(4) 如图 1.4 所示，这里出现软件默认的安装路径：C:\MentorGraphics，PADS Projects 路径为 C:\PADS Projects。准备将路径改到 D 盘，单击 Modify 按钮，在弹出的 Modify Product Selection and/or Paths 对话框中选择需要安装的产品组件，如图 1.5 所示。

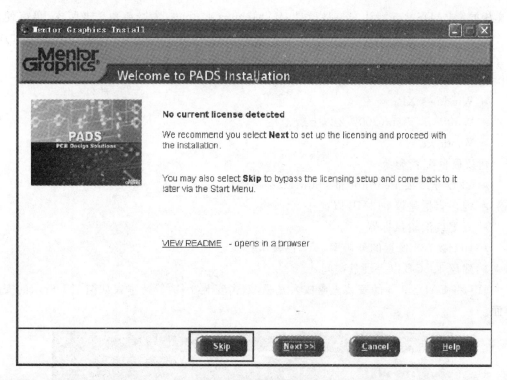

图 1.2　Welcome to PADS Installation 窗口

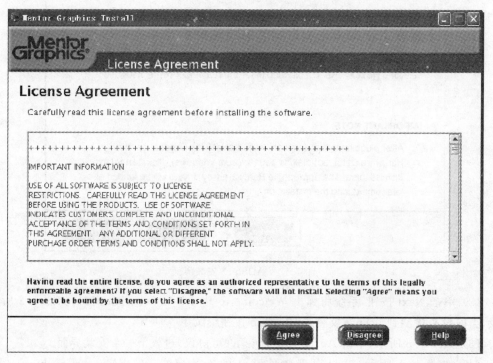

图 1.3　License Agreement 界面

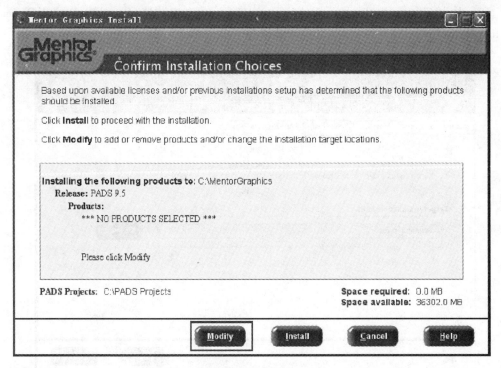

图 1.4　Confirm Installation Choices 界面

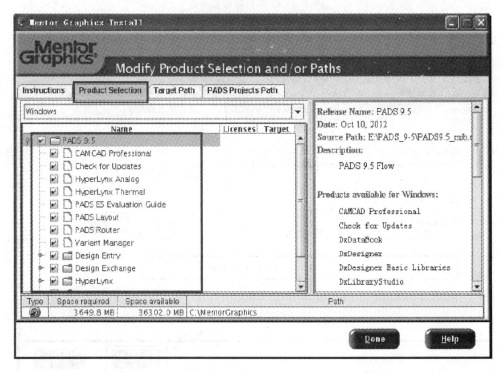

图 1.5　Modify Product Selection and/or Paths 界面

（5）单击 Target Path 选项卡，如图 1.6 所示，改变安装路径。单击 PADS Projects Path 选项卡，如图 1.7 所示，改变文件有效路径。单击 Done 按钮。

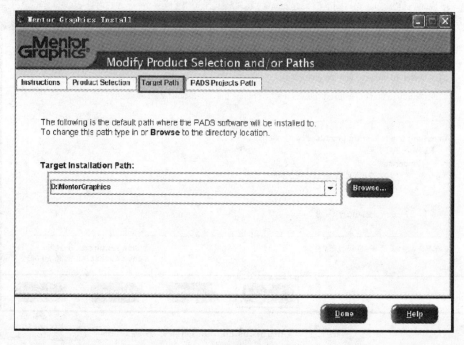

图 1.6　改变安装路径界面

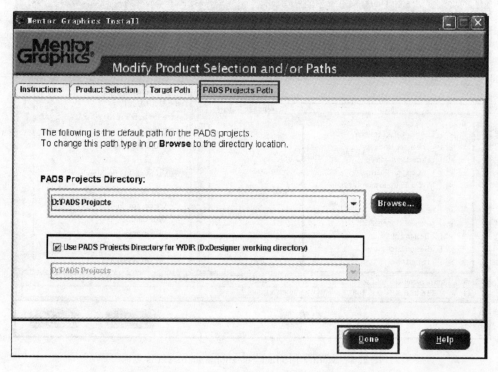

图 1.7　改变文件存放路径界面

（6）返回 Confirm Installation Choices 界面，同时对话框中列出了安装所需要的磁盘空间大小。如果出现红色提示 WARNING：space required exceeds space available！！，则表示所要安装的磁盘空间不足，需要回到上一步，另外选择安装路径。如果没有提示，则单击 Install 按钮，进入下一环节，如图 1.8 所示。

（7）进入软件自动安装界面（需要等待 10～15 分钟），如图 1.9 所示。

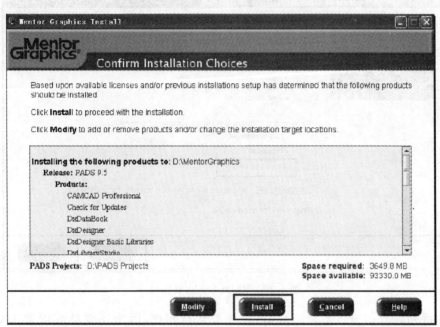

图 1.8　Confirm Installation Choices 界面

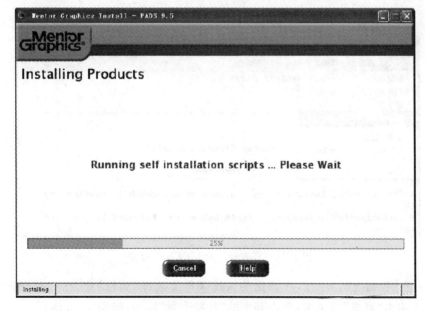

图 1.9　自动安装界面

(8) 当进程全部完成后,弹出 PADS Installation Complete 对话框,提示是否现在注册,如图 1.10 所示,选中 at a later time 单选按钮并单击 Done 按钮,完成软件的安装。

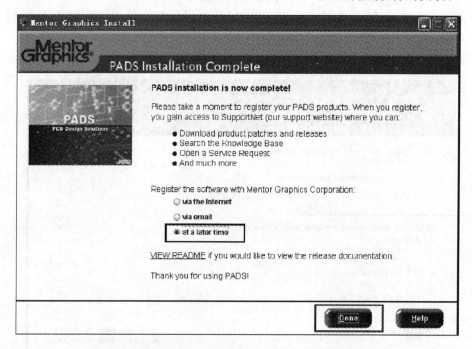

图 1.10　PADS 9.5 注册界面

需要特别注意的是:安装完成后,先不要运行程序,因为还要继续配置 LICENSE 文件。

(9) 找到授权的 LICENSE 文件,如图 1.11 所示。将证书文件另存到 PADS 9.5 软件安装目录下,如图 1.12 所示。

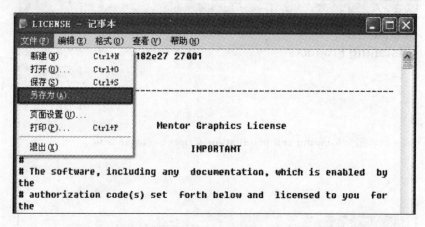

图 1.11　官方授权的 LICENSE 证书

(10) 右击"我的电脑"图标,在弹出的快捷菜单上选择"属性"命令,在打开的"系统属性"对话框中单击"高级"选项卡,单击其中的"环境变量"按钮,如图 1.13 所示。

(11) 在弹出的"环境变量"对话框中,找到 MGLS_LICENSE_FILE 选项并双击。如果

图 1.12 证书"另存为"对话框

没有找到此变量，也可以单击"新建"按钮来建立此变量名，如图 1.14 所示。

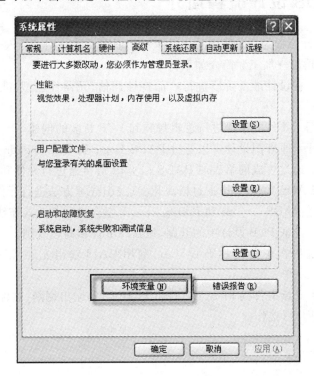

图 1.13 "系统属性"界面

（12）如图 1.15 所示，可以修改变量值，如 d:\mentorgraphics\License.txt，然后单击"确定"按钮并退出。

至此，整个 PADS 9.5 软件的安装过程全部完成。

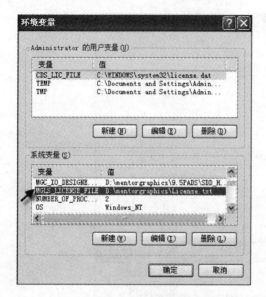 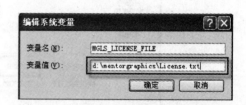

图 1.14 "环境变量"设置界面   图 1.15 变量值设置界面

1.4 PADS 设计流程简介

常规 PADS 设计流程为：设计启动→建库→原理图设计→网表导入→布局→布线→验证优化→设计资料输出→加工。简介如下：

（1）设计启动。在设计准备阶段进行产品特性评估、元器件选型、准备元器件、进行逻辑关系验证等工作。

（2）建库。根据元器件的手册进行逻辑封装和 PCB 封装的创建。

（3）原理图设计。原理图设计可以通过 PADS Logic 和 DxDesigner 进行。

（4）网表调入。通过生成网络表或 PADS Layout 链接器进行元件和网络表调入。

（5）布局。在 PADS Layout 中通过模块化、飞线引导等方法进行元件布局。

（6）布线。通过 PADS Layout 和 PADS Router 组合进行交互式布线工作。

（7）验证优化。验证 PCB 设计中的开路、短路、DFM 和高速规则。

（8）设计资料输出。在完成 PCB 设计后，利用 CAM 输出光绘、钢网、装配图等生产文件。

（9）加工。输出光绘文件到 PCB 工厂进行 PCB 生产，输出钢网、器件坐标文件、装配图到 SMT 工厂进行贴片焊接作业。

本章小结

本章介绍了 PADS 的发展以及 PADS 9.5 的功能和特点，同时还介绍了软件的安装方法及设计流程。通过本章的学习，读者应该能够独立安装 PADS 9.5 软件，并对软件的应用和功能特点有初步的了解。

第 2 章

绘制单级共射放大

电路原理图

本章以一个简单电路为例,先从整体了解 PADS Logic 的基本操作:添加元件、元件摆放、元件连线等。完成一个基本电路绘制后,对 PADS Logic 的操作基本熟悉,可以实现快速入门。

2.1 PADS Logic 用户界面和基本操作

2.1.1 PADS Logic 的启动和操作界面认识

在动手绘制原理图文件之前,需要对软件的操作界面和基本知识有所认识。

1. PADS Logic 的启动

PADS 软件安装完成后,在操作系统桌面上,将会生成 PADS Logic、PADS Layout、PADS Router 等快捷方式的图标,如图 2.1 所示。单击 PADS Logic 快捷图标,如图 2.2 所示,将进入 PADS Logic 主窗口。

图 2.1　PADS 桌面图标　　　　图 2.2　PADS Logic 快捷图标

2. 对 PADS Logic 主窗口的认识

启动 PADS Logic 后,即可进入 PADS Logic 的主窗口。PADS Logic 主窗口主要由菜单栏、常用工具栏、工作区域、状态栏和命令行等组成,如图 2.3 所示。

3. 工具栏介绍

PADS Logic 的一般工具栏如图 2.4 所示。

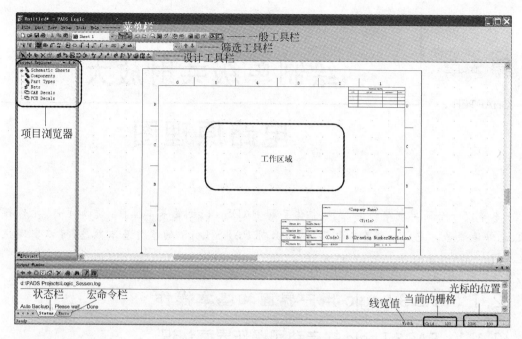

图 2.3　PADS Logic 的主窗口管理面板

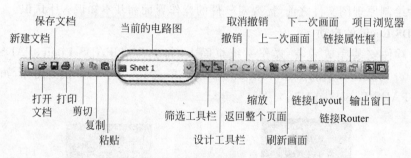

图 2.4　PADS Logic 的一般工具栏

　　PADS Logic 的筛选工具栏如图 2.5 所示。也可以在工作区域中右击,在弹出的快捷菜单中选择"筛选条件"命令,在弹出的"选择筛选条件"对话框中,选择需要选取的元素,如图 2.6 所示。

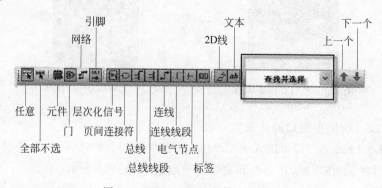

图 2.5　PADS Logic 的筛选工具栏

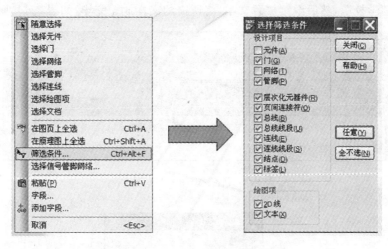

图 2.6　PADS Logic 的筛选条件命令

PADS Logic 的设计工具栏如图 2.7 所示。

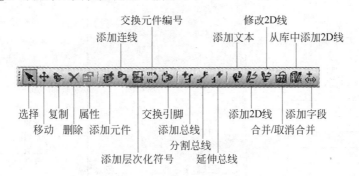

图 2.7　PADS Logic 的设计工具栏

4. 工作区域

工作区域是指设计工程文档的编辑窗体,各种类型文件在打开时都会有自己的设计窗口,同时菜单栏和工具栏也会根据文档的类型做相应的调整。

5. 状态栏和命令行

状态栏用于显示当前的设计状态。命令行用于显示当前光标所在的位置,以及当前设计所使用的栅格和线宽值。

6. 项目浏览器

项目浏览器用于显示当前设计的图页、元件个数、网络名称和封装信息。

2.1.2　原理图标题栏制作

在设计电路时,标题栏可以使用系统自带的模板,也可以制作适合自己特点的标题栏模板。

在原理图编辑工具栏中单击“创建 2D 线”图标 ,如图 2.8 所示,随即进入绘制 2D 线操作命令。根据设计需要,在原理图文档的右下角绘制标题栏,如图 2.9 所示。在原理图编辑工具栏中单击“创建文本”图标 ,在随后弹出的如图 2.10 所示的对话框中输入需要放置的文本,如"学校"。然后继续放置文本,将所需的文本放置完毕,如图 2.11 所示。

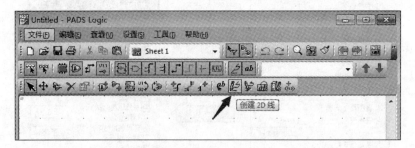

图 2.8　选择"创建 2D 线"图标

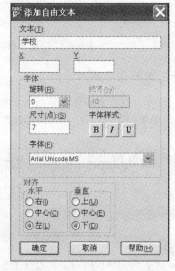

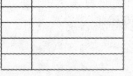

图 2.9　绘制标题栏　　　　图 2.10　"添加自由文本"对话框　　　图 2.11　放置所需的文本

图页边界线可以根据原理图的大小进行自定义,例如,需要在一张 A4 大小的纸张上绘制原理图,根据 A4 纸的长宽,用"创建 2D 线"图标 ▧,绘制图页边界线,完成后如图 2.12 所示。

2.1.3　放置原理图元件

1. 设置图纸

(1) 打开"工具"菜单,选择"选项"命令,弹出"选项"对话框,如图 2.13 所示。

(2) 设置图纸的"常规"标签页,推荐的设置如图 2.14 所示。

图纸栅格指的是为了方便绘图,将图纸按照设定的单位所划分的许多小方格。使用栅格可以使绘制的图纸美观、整齐,可以根据实际情况选择栅格大小。栅格分为设计栅格和显示栅格两种。

"设计栅格"文本框:设置电气网络可以在元件放置和连线时自动搜索的电气节点。推荐设置为 100。

"显示栅格"文本框:将图纸放大后可以看到的小方格,默认值为 1000 个单位。推荐设

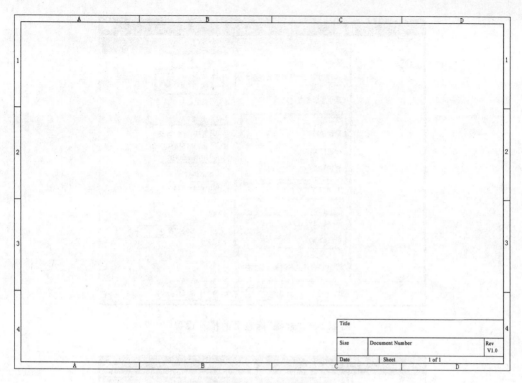

图 2.12 A4 图页边界线

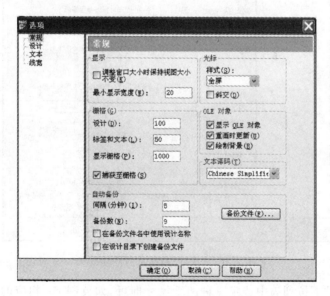

图 2.13 "选项"对话框

置为 100。

另外,推荐勾选"捕获至栅格"选项。

(3)"设计"标签页的推荐设置如图 2.15 所示。

图页尺寸决定了图纸的大小,用户可以根据原理图的复杂程度和元件数量来确定图纸

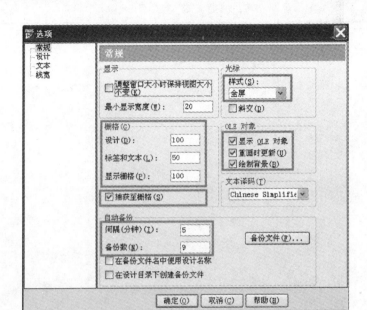

图 2.14 "常规"标签页的推荐设置

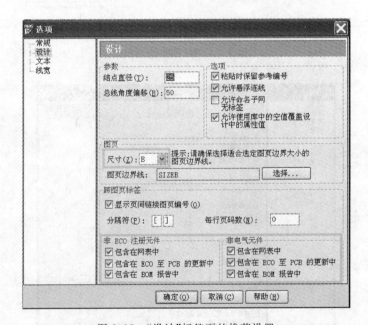

图 2.15 "设计"标签页的推荐设置

的大小。在"尺寸"下拉列表中选定一种图纸尺寸即可,如英制 B;相应的"图页边界线"选定"SIZEB"。

PADS Logic 提供的标准图纸有以下几种:

➤ 公制:A0、A1、A2、A3、A4;

➤ 英制:A、B、C、D、E;

➤ 其他:F。

(4)"文本"标签页和"线宽"标签页按软件默认设置即可。

2. 将原理图放大并移动到适当位置

新建一个原理图文件,为了便于在图纸上放置元件,必须将图纸按适当比例放大并移动到适当位置。

图纸显示比例可以使用工具栏中的缩放图标 🔍,在需要放大或缩小的地方单击。也可以使用快捷键 Page Up 和 Page Down,每按一次,图纸的显示比例放大或缩小一次,可以连续使用。

建议读者使用鼠标指令进行放大或缩小操作,PADS Logic 提供了灵活、方便的鼠标指令,通过鼠标就可以进行相应的操作,从而提高设计效率。鼠标指令如图 2.16 所示。

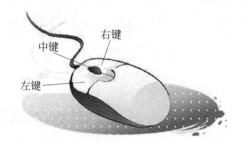

中键:
- 单击: 偏移画面
- 按住中键拖曳: 放大、缩小
- **Ctrl+滚轮**: 放大、缩小
- 滑动滚轮: 画面上下移动
- **Shift+滚轮**: 画面左右移动

右键:
- 右击空白处: 右键菜单
- 选择对象: 对象右键菜单

左键:
- 单击: 选取
- **Ctrl+单击**: 加选/取消加选
- 双击: 进入对象的属性
- 按住左键拖曳: 框选

图 2.16 鼠标指令

3. 放置元器件并设置属性

1) 选择所需的元件库

要绘制如图 2.17 所示的单级共射放大电路[①],所用到的元器件如表 2.1 所示。它们都位于常用元件库 misc 中,因此,在元件库管理器中选择此库。

表 2.1 单级共射放大电路元器件清单

元 件 编 号	描 述	原理图元件名称	元 件 库
R1	电阻,51kΩ,0805	RES0805	misc
R2	电阻,18kΩ,0805	RES0805	
R3	电阻,2.2kΩ,0805	RES0805	
R4,R5	电阻,5.1kΩ,0805	RES0805	
C1,C2	电解电容,10μF/50V	CAP-CX02-C	
C3	电解电容,47μF/50V	CAP-CX02-C	
VT1	三极管,NPN,2N2222A	P2N2222A	motor-tx
J1	插座,2pin	CON-SIP2-156	connect

2) 放置元件

单击设计工具栏的添加元件图标 🔳,弹出"从库中添加元件"对话框。为了加快寻找元件的速度,可以使用关键字过滤功能,在"项目"文本框中输入元件的名称,如"res*"或

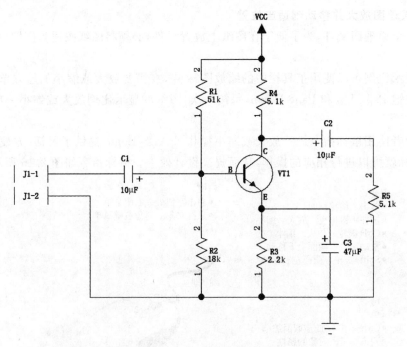

图 2.17 单级共射放大电路

"*res"(*为通配符,可以表示任意多个字符),即可找到所有含有字符"res"的元件,如图 2.18 所示。

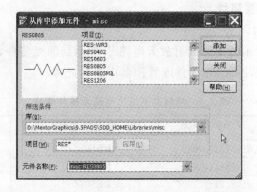

图 2.18 从库中添加电阻元件

此时选中 RES0805 后,再单击"添加"按钮,RES0805 元件将自动粘附在光标上。把光标移动到原理图适当位置并单击,即可将电阻放置在图纸上。用同样的方法添加其他元件,完成后如图 2.19 所示。

3)设置元件属性

从原理图库中取出并放置后的元件还没有输入参数等属性,在原理图空白处右击,在弹出的快捷菜单中选择"选择元件"命令,如图 2.20 所示。

然后用鼠标左键双击元件(如 R1),将弹出"元件特性"对话框,如图 2.21 所示。

在图 2.21 中选择图标 ,进入"元件属性"对话框,如图 2.22 所示。

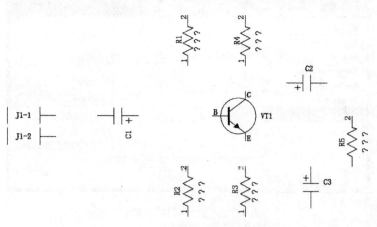

图 2.19　成功放置元件后的原理图①

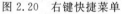

图 2.20　右键快捷菜单

图 2.21　"元件特性"对话框

元件属性的常用设置有如下几项。

➢ Description：元件注释；

➢ Manufacturer♯1：元件的生产厂家；

➢ Part Number：元件编码；

➢ Tolerance：元件容差；

➢ Value：元件参数，如电阻的阻值、电容的容量等。

根据原理图的需要，设置电阻 R1 的 Value 值为 51k。在图 2.22 中，双击 Value 右边那一栏，并输入 51k，完成后如图 2.23 所示。单击"确定"按钮完成设置。

---

① 编辑注：本软件中采用的元件图形符号及字母符号与国标不完全一致，为避免混乱，本书保持软件原貌，不做修改，特此说明。

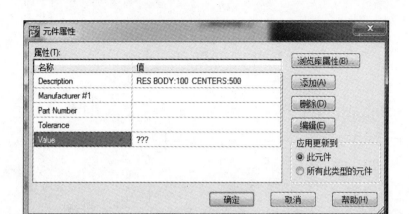

图 2.22　"元件属性"对话框

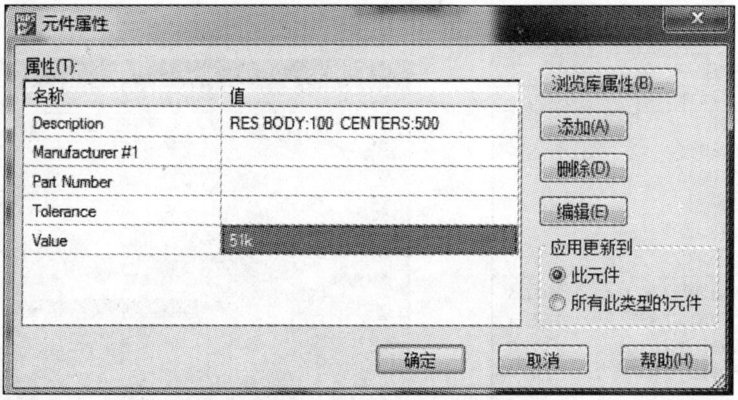

图 2.23　修改 Value 后的"元件属性"对话框

　　【编者推荐】　设计元件 Value 值的另外一种快捷的方法为：在原理图空白处右击，在弹出的快捷菜单中选择"随意选择"命令。然后在 R1 器件处的"？？？"位置双击，即可弹出如图 2.24 所示的"属性特性"对话框。在这个对话框中可以将"值"进行修改，如改为"51k"。

图 2.24　"属性特性"对话框

　　用同样的方法设置单级共射放大电路其他元器件的参数，结果如图 2.25 所示。

　　在图 2.25 中可以看到，器件的编号如 R1、C1、VT1 的方向并不一致，这会影响到用户的视觉体验，需要将元器件的编号摆放整齐。在原理图空白处右击，在弹出的快捷菜单中选择"随意选择"命令，然后选择 R1 编号并右击，选择"移动"命令（也可以用组合快捷键 Ctrl+E），如图 2.26 所示。R1 编号将会粘附在光标上，就可以移动至合适的位置后，再单击左键放置即可。如需翻转 90°，可以在移动的过程中右击，进行相应的"90 度旋转""水平对齐""垂直对齐"操作，如图 2.27 所示。

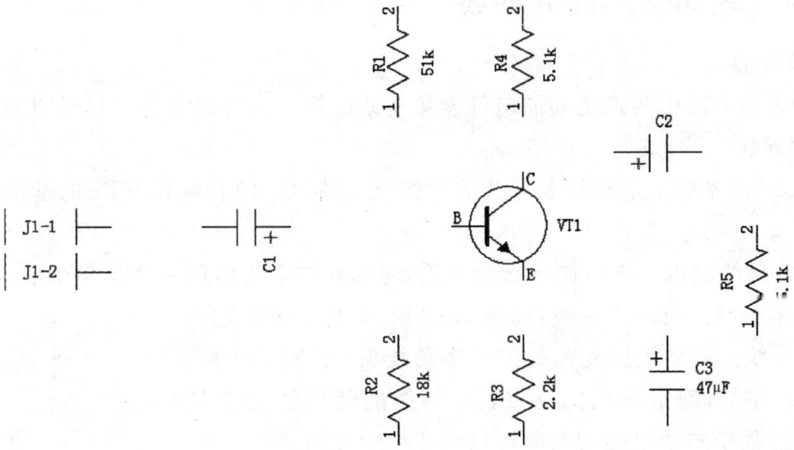

图 2.25　设置好参数的电路图

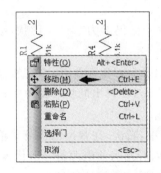

图 2.26　右键快捷菜单　　　　　图 2.27　移动过程中的右键快捷菜单

用同样的方法移动元器件编号,完成后的效果如图 2.28 所示。

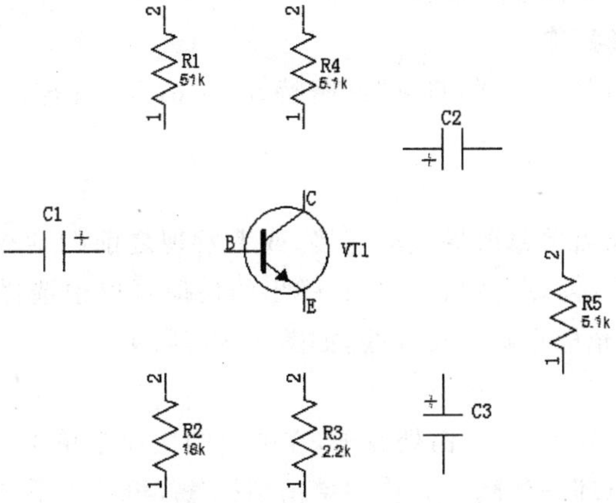

图 2.28　完成移动编号后的电路图

2.1.4　原理图元件的连线

1. 放置导线

导线是表示电路中两点之间的电气连接关系的符号。可以单击工具栏中的绘制导线图标来放置导线。

在图 2.28 的基础上进行绘制导线的工作,从绘制 C1 的右侧和 VT1 的基极之间的导线开始。

(1) 确定导线起点。执行画导线命令后,光标处右下角出现一个 V 字形状,将其移动到 C1 的右端,单击将拉出一段导线,如图 2.29 所示,确定导线起点。

(2) 画导线。移动鼠标光标的位置拖动线头,在导线的末端即 VT1 的基极,左击,确定导线的终点。在导线的转折处也要左击,在拖动线头过程中移动鼠标的方向可以改变导线方向。

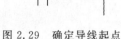

图 2.29　确定导线起点

(3) 完成导线绘制。右击,在弹出的快捷菜单中选择"结束"命令,或者把导线连接到其他元件的管脚,完成导线的绘制,这时可见导线的颜色变为深色(显示的颜色是由设计人员设定)。

(4) 绘制其他导线。完成一条导线的绘制后光标仍然为"十"字形状,系统仍处于绘制导线命令状态,利用它可继续绘制其他导线。

(5) 暂停导线绘制。在走线的过程中,如需进行暂停绘制工作,可在暂停处双击即可。

(6) 退出画导线命令。在绘制导线过程中,右击,在弹出的快捷菜单中选择"取消"命令或按下键盘左上角的 Esc 键,画导线命令即可解除。

(7) 添加电源和接地符号。在绘制导线过程中,右击,在弹出的快捷菜单中执行"电源"命令,即可放置一个电源符号。在屏幕左下方可以看到当前电源符号所代表的电源网络值。如果在弹出的快捷菜单中执行"接地"命令,即可放置一个接地符号。

(8) 修改电源网络。在退出画导线的状态下,双击电源符号,在弹出的"网络特性"对话框中可以修改电源网络名称。

这样,单级共射放大电路就绘制完毕,如图 2.30 所示。

2. 设置导线的网络名称

绘制导线之后,双击某一导线,打开"网络特性"对话框,如图 2.31 所示,可以更改导线的网络名称。

3. 修改导线

绘制导线之后,如果需要修改导线的连接,或者发现之前的导线连接有错误,可以单击并选中某段导线的末端或前端,然后右击,在弹出的快捷菜单中选择"移动"命令,如图 2.32 所示。然后就可以移动光标重新连接导线,如图 2.33 所示。

4. 删除导线

如需删除某段导线,在 PCB 空白处右击,在弹出的快捷菜单中选择"选择连线"命令,如图 2.34 所示。然后在原理图编辑工具栏中单击图标,再单击需要删除的导线,即可成功删除导线。同理,如需删除某个元件,也可以在图 2.34 中选择"选择元件"命令,然后单击图标,再单击需要删除的元件即可。

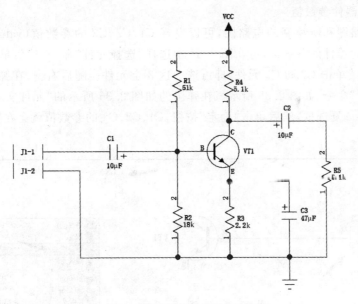

图 2.30 三极管单级共射放大电路

图 2.31 "网络特性"对话框

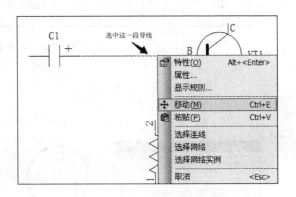

图 2.32 选中导线后的快捷菜单

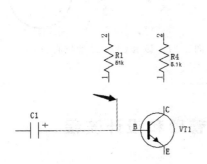

图 2.33 移动光标进行重连

图 2.34 "选择连线"命令

5. 显示元器件参数值

对比原电路图和所绘制的电路图，可以发现 C1、C2、C3 的参数值（value）没有显示出来。如需显示元器件的参数值，可在图 2.34 中选择"选择元件"命令，然后单击 C1 元件，再按住 Ctrl 键继续单击 C2 和 C3 元件，即可选中这 3 个元件。随后右击，在弹出的快捷菜单中选择"可见性"命令，如图 2.35 所示。在弹出的如图 2.36 所示的"元件文本可见性"对话框中，选中 Value 复选框，然后单击"确定"按钮，C1、C2、C3 的参数值就会在原理图中出现，如图 2.37 所示。

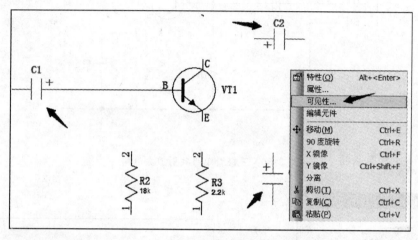

图 2.35　"可见性"命令

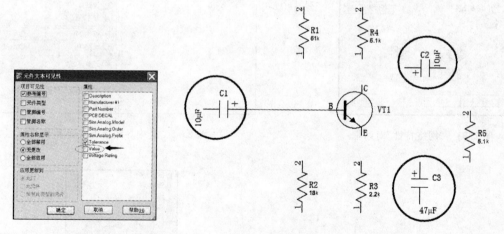

图 2.36　"元件文本可见性"对话框　　　　　图 2.37　显示 C1～C3 参数值

至此，完成原理图的绘制工作。

2.2　PADS Logic 项目文件管理和设计流程

2.2.1　项目文件管理

由于 PADS 的设计文件是以独立文件存在的，建议用户以项目为名称创建相应的设计文件夹,如"单管放大电路"文件夹。然后在文件夹里继续创建 SCH、PCB、LIB 子文件夹等。如果原理图中途有修改,还可以添加日期编号进行区别,如图 2.38 和图 2.39 所示。

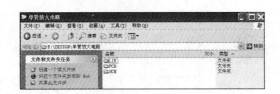

图 2.38 项目文件夹管理 1

图 2.39 项目文件夹管理 2

2.2.2 原理图的一般设计流程和基本原则

1. 原理图的一般设计流程

原理图是指电路中各元器件的电气连接关系示意图,重在表达电路的结构和功能。利用 PADS Logic 所提供的丰富的原理图元件库和强大的功能,可以快速绘制出清晰、美观的电路原理图。原理图的一般设计流程如图 2.40 所示。

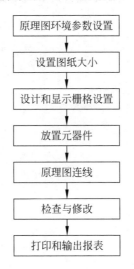

图 2.40 原理图一般设计流程

2. 原理图设计的基本原则

原理图设计的主要任务是将电路中各元器件的电气连接关系表达清楚,以便于电路功能和信号流程分析,与实际元器件的大小、管脚粗细无关。一幅好的原理图,不仅要求引脚连线正确,没有错连、漏连之外,还要求美观清晰,信号流向清楚,标注正确,可读性强。

读者可参照以上介绍的操作,练习绘制如图 2.41 所示的多管放大电路原理图。

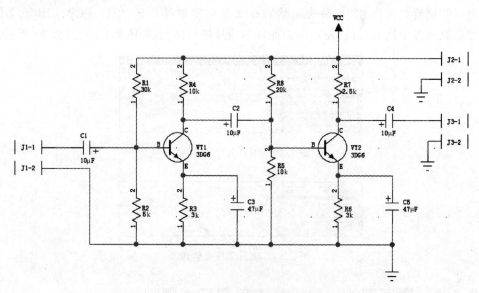

图 2.41 多管放大电路原理图

本章小结

本章介绍了在 PADS Logic 中绘制单独共射放大电路原理图,通过学习,读者可以掌握软件的基本操作。

第 3 章

PADS Logic 元件库管理

设计电路原理图时,先从添加元件开始,PADS 提供了一些常用元件的封装供用户使用。具体应用设计中,涉及各种元件,软件提供的库不能涵盖所有器件封装。每一个 PCB 软件对器件库的管理有所不同,PADS 的库管理包含:线、逻辑、元件、封装。PADS Logic 在元件建库上需要先建立元件逻辑符号,再建配置元件电参数,这才算建立一个元件的 Logic 封装。

3.1　PADS Logic 元件库的结构

在 PADS 设计软件中,一个完整的元件由两部分组成:电路 Logic 符号和 PCB Decal 实际封装。例如电阻,原理图上的电阻符号看上去都是一样的,而把网表导入 PCB 软件后,电阻可能是表贴元件,也可能是通孔元件。再如,电容和电阻在原理图的符号是完全不同的,但是在 PCB 软件中却可能是一样的 0603 的封装。下面用一个图例来理解一下 PADS 元件库的概念,如图 3.1 所示。

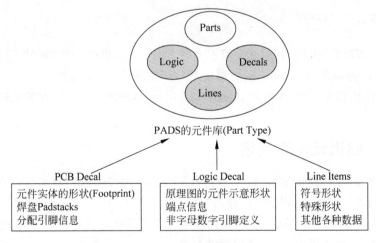

图 3.1　元件库结构

用户将元件添加到原理图前,元件必须是一个已经存在的元件类型 Part。元件类型由图 3.1 所示的多种元素组成:

➢ Logic Decals(逻辑符号),表示元件的逻辑功能;

➢ PCB Decal(PCB 封装),表示元件的实际封装大小;

➢ 电气特性,如引脚号和门的分配等。

3.1.1 创建元件库

(1) 打开"文件"菜单,选择"库"命令,如图 3.2 所示,弹出"库管理器"对话框,如图 3.3 所示。

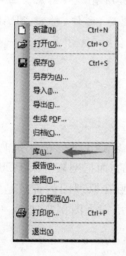

图 3.2 "库"命令   图 3.3 "库管理器"对话框

(2) 单击"新建库"按钮(如图 3.3 所示),在弹出的"新建库"对话框的"文件名"文本框中输入新元件库的名称,如 mylib,然后单击"保存"按钮,如图 3.4 所示。

提示:PADS 9.5 的元件库路径是 D:\MentorGraphics\9.5PADS\SDD_HOME\Libraries。

3.1.2 编辑元件库列表

在"库管理器"对话框中单击"管理库列表"按钮,弹出"库列表"对话框。在"库列表"对话框中,选中刚刚创建的 mylib 库后,单击"上"命令,将 mylib 移至顶端,如图 3.5 所示。

提示:导入网络表时,PADS 软件会优先从位于顶端的元件库中提取元件。共享、允许搜索、与 PADS Layout 同步,这三项须同时勾选。

另外,用户可以加载之前已有的元件库。在"库列表"对话框,单击"添加"按钮,如图 3.6 所示。在"添加库"对话框中,选中已有的元件库,如 amd.pt9 后,单击"打开"按钮,如图 3.7 所示,就可以加载 amd.pt9 元件库。

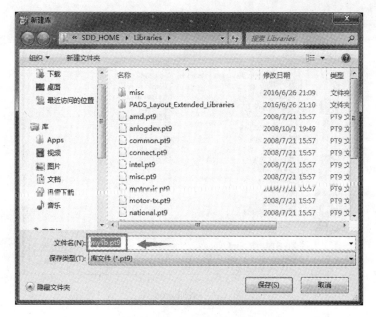

图 3.4 "新建库"对话框

图 3.5 mylib 移至顶端

图 3.6 "库列表"对话框

图 3.7　添加 amd 库

3.2　创建元件封装

下面以元件 BAV99 和 PT4101 元件为例，介绍怎样创建元件封装。

3.2.1　绘制 BAV99 CAE 封装

BAV99 的封装图如图 3.8 所示。具体步骤如下。

（1）打开"工具"菜单，选择"元件编辑器"命令，进入元件编辑器界面，如图 3.9 所示。

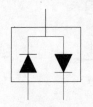

图 3.8　BAV99 封装图　　　　　　　图 3.9　元件编辑器界面

（2）在元件编辑器内，打开"文件"菜单，选择"新建"命令，如图 3.10 所示，弹出"选择编辑项目的类型"对话框，选择"CAE 封装"单选按钮，如图 3.11 所示。

（3）单击"确定"按钮，弹出 SCH 封装编辑窗口，单击图标 （如图 3.12 所示），显示"封装编辑"工具栏，如图 3.13 所示。

（4）进入 CAE 封装编辑器，如图 3.14 所示。

图 3.14 显示了几个字符和原点标志，其含义如下：

➢ REF：参考编号。

➢ PART_TYRE：元器件类型（Part Type）。

➢ Free Label 1：元器件类型的第 1 个属性。

图 3.10　"新建"菜单命令

图 3.11　"选择编辑项目类型"对话框

图 3.12　单击"封装编辑"图标

图 3.13　"封装编辑"工具栏

➢ Free Label 2：元器件类型的第 2 个属性。

（5）从"封装编辑"工具栏中单击创建 2D 线图标 。右击，弹出如图 3.15 所示的菜单，选择"多边形"命令，设置要绘制的 2D 线为多边形。菜单中的部分命令解释如下。

REF

PART-TYPE
*Free Label 1
*Free Label 2

图 3.14　CAE 封装编辑器界面

图 3.15　"2D 线模式选择"菜单

➢ 宽度：设置 2D 线的宽度，一般采用默认设置。

➢ 多边形：用 2D 线绘制一个封闭的多边形，多边形可以被填充。

➢ 圆形：用 2D 线绘制一个圆形。

➢ 矩形：用2D线绘制一个矩形，可以被填充。

➢ 路径：用2D线绘制一个线段，也可以绘制一个多边形，但是多边形不能被填充。

补充说明：在选择2D线绘图时，可通过右击，弹出快捷菜单，选择其中的命令来绘制不同形状的图形。菜单中主要包含了添加拐角、删除拐角、添加圆角等功能。

在绘图状态下输入无模命令GD，输入GD100，按Enter键，设置显示栅格大小为100，如图3.16所示。输入G100，按Enter键，设置设计栅格大小为100（默认情况下，设计栅格为100）。

提示：栅格的大小根据显示栅格成一定比例设置，目的是为了画图方便美观。

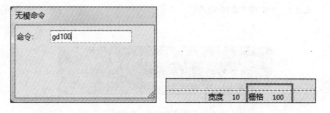

图3.16 栅格设置

（6）绘制一个三角形，如图3.17所示。绘制完，选中三角形，右击后选择"特性"，如图3.18所示，或者双击绘制好的三角形。

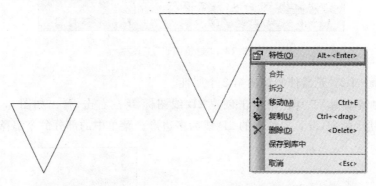

图3.17 绘制一个三角形　　　　　图3.18 选择三角形的特性

弹出"绘图特性"对话框，选中"已填充"复选框，如图3.19所示，然后单击"确定"按钮，将该三角形填充成实心，如图3.20所示。

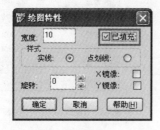

图3.19 "绘图特性"对话框　　　　图3.20 填充后的三角形

（7）选择2D线为"路径"，画一条直线，将直线与三角形同时选中，右击，在弹出的快捷菜单中选择"合并"命令，如图3.21所示。

图 3.21　选择"合并"命令

（8）选择合并后的图形，右击，在弹出的快捷菜单中选择"复制"命令，然后再用同样的方法选择"Y 镜像"命令，如图 3.22 所示，得到的图形如图 3.23 所示。

图 3.22　选择"Y 镜像"命令

图 3.23　复制并 Y 镜像后的图形

（9）选择 2D 线的类型为"矩形"，绘制矩形外框，再选择"路径"添加直线完成 BAV99 图形的制作，如图 3.24 所示。

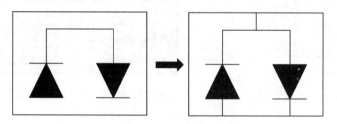

图 3.24　BAV99 图形

（10）至此，CAE 封装并没有完成，还要为元件添加管脚（PIN）。从"封装编辑"工具栏中单击"添加端点"图标，弹出如图 3.25 所示的"管脚封装浏览"对话框。

从中选择 PIN 管脚封装（也可以选择 PINSHORT 管脚封装），单击"确定"按钮。端点将跟随着光标悬浮移动，移动过程可右击，在弹出的快捷菜单中执行"X 镜像""Y 镜像"或"90 度旋转"等操作，如图 3.26 所示。摆放管脚，管脚编号要与 PCB 中的封装一致。摆放完管脚的 BAV99 的 CAE 封装如图 3.27 所示。

建立完元件 CAE 封装后，单击"保存"按钮，在出现"将 CAE 封装保存到库中"的对话框中，把 CAE 封装名称写为 BAV99，如图 3.28 所示。

图 3.25 管脚选择

图 3.26 位置操作菜单

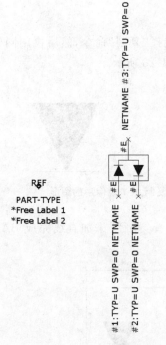

图 3.27 BAV99 的 CAE 封装

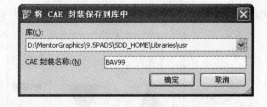

图 3.28 "将 CAE 封装保存到库中"对话框

完成 CAE 封装后,需要对其进行分配 PCB 封装、建立 CAE 管脚与 PCB 管脚对应关系。

总结:元件 CAE 封装是由 2D 线 ▧ + 端点 ▧ + 文本 ▧(可选)组成。

➤ 2D 线:用于画 CAE 封装的逻辑图形,由多边形、圆形、矩形和路径这四种类型的 2D 线构成。

➤ 端点:用于添加管脚,管脚的类型在"管脚封装浏览"中选择。

➤ 文本:文本增加是可选操作,根据需要进行必要文本添加。

3.2.2 创建 BAV99 元件类型

(1) 在图 3.11 中,选择"元件类型"后单击"确定"按钮,或者在文件界面的"工具"菜单中选择"元件编辑器"命令,如图 3.29 所示。

图 3.29　两种选择元件类型操作

（2）在元件类型编辑界面中，打开"编辑"菜单，选择"元件类型编辑器"命令，如图 3.30 所示，弹出"元件的元件信息"对话框，如图 3.31 所示。"元件的元件信息"对话框包括 7 个选项卡，分别是"常规""PCB 封装""门""管脚""属性""连接器"和"管脚映射"。

图 3.30　元件类型编辑器

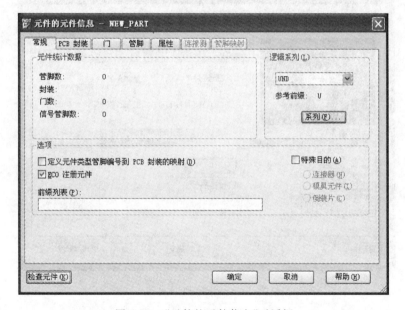

图 3.31　"元件的元件信息"对话框

（3）"常规"选项卡中，"逻辑系列"用来选择相应的元件前缀。例如，电容用"C"作为参考前缀，电阻用"R"作为参考前缀。本例子按默认设计，选择"UND"系列，前缀为"U"。用户也可以单击"系列"按钮，添加新的逻辑族类型，单击"系列"按钮后，系统会弹出如图 3.32 所示的对话框。

在"前缀列表"编辑框中可以输入查询的前缀。键入"?"前缀表示用户想查找任意字符，以便编辑前缀列表中的元件。通过元件前缀搜索，可以允许编辑一个元件。

（4）"PCB 封装"选项卡是分配 PCB 封装，具体操作如下。

① 在"筛选条件"文本框输入"SOT＊"；在"管脚数"文本框输入"3"，单击"应用"按钮。

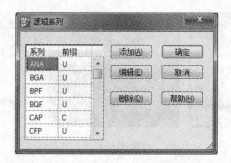

图3.32 "逻辑系列"对话框

② 在"未分配的封装"列表中列出符合筛选条件的封装,选择SOT23封装。单击"分配"按钮。

SOT23封装添加到"已分配的封装"列表。完成后如图3.33所示。

提示:"*"代表任意个字符的通配符,也可以使用"?"代表单个字符的通配,还可以在搜索中两个通配符并用,如输入"S*T?"进行搜索。

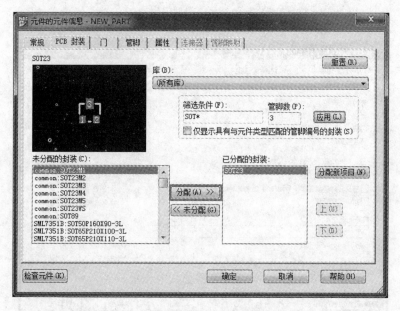

图3.33 分配PCB封装

(5)"门"选项卡,用于设置门封装,即CAE封装,界面如图3.34所示。具体操作如下:
① 单击"添加"按钮后如图3.35所示。
② 双击图3.35中的"CAE封装1"栏。双击后"CAE封装1"栏变成，然后单击按钮,如图3.36所示。
③ 弹出如图3.37所示的对话框,将之前建立好的CAE封装BAV99分配到"已分配的封装"栏里,单击"确定"按钮,分配完成后的界面如图3.38所示。这时已将CAE封装分配完毕。

(6)"管脚"选项卡用于将CAE封装的管脚和PCB封装管脚建立对应关系,具体操作步骤如图3.39~图3.41所示建立管脚对应。

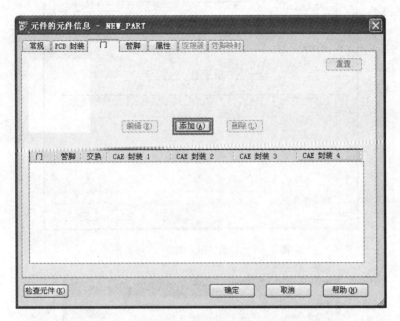

图 3.34　"门"选项卡

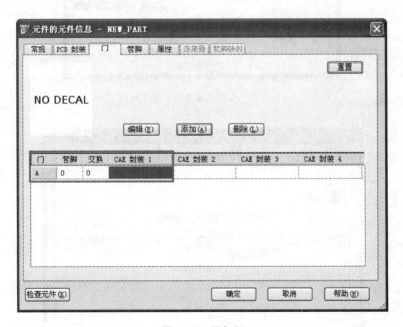

图 3.35　添加门

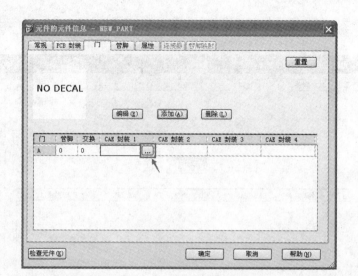

图 3.36 双击"CAE 封装 1"列表框

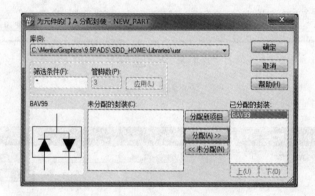

图 3.37 为元件的门 A 分配封装

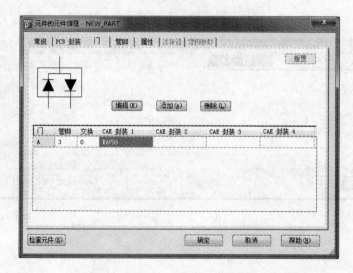

图 3.38 CAE 封装分配完成

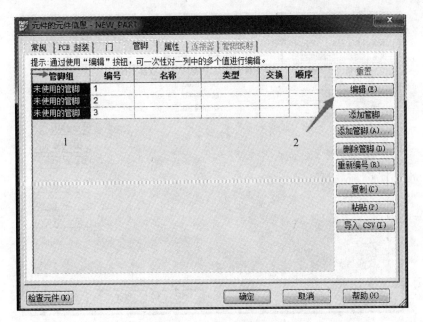

图 3.39　管脚组编辑

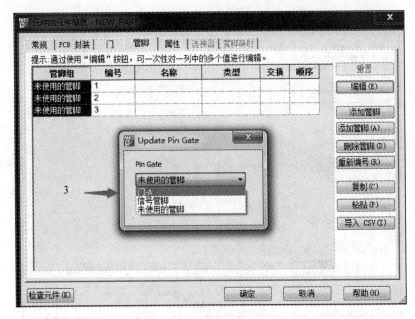

图 3.40　管脚组选择"门-A"

（7）"属性"选项卡用于设置元件类型的制造商、价格等说明信息。单击左下角"添加"按钮，然后编辑元件的"属性"和"值"，如图3.42所示。

单击"浏览库属性"按钮，添加元件"属性"和"值"，如图3.43所示。完成后如图3.44所示。

（8）"连接器"选项卡用于设置连接器的各管脚的类型。只有在"常规"选项卡选中"连接器"选项时才会被激活，本例不需要设置。

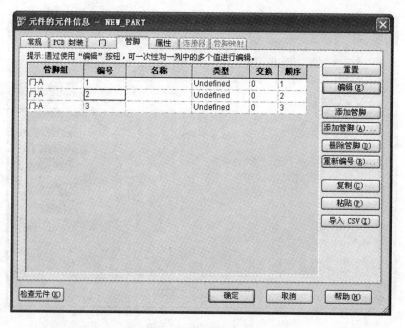

图 3.41　管脚封装完成

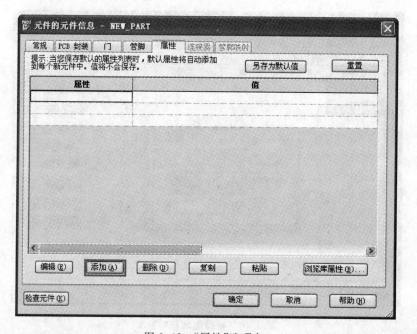

图 3.42　"属性"选项卡

（9）"管脚映射"选项卡只有在"常规"选项卡选中"定义元件类型管脚编号到 PCB 封装的映射"选项的时候才会被激活。本例不需要设置。

（10）检查元件。单击"元件的元件信息"对话框左下角的"检查元件"按钮，如果元件信息有误，就会弹出含有错误信息的记事本，如图 3.45 所示；如果没有错误就会弹出如图 3.46所示的记事本。

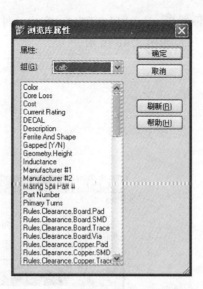

图 3.43　"浏览库属性"对话框

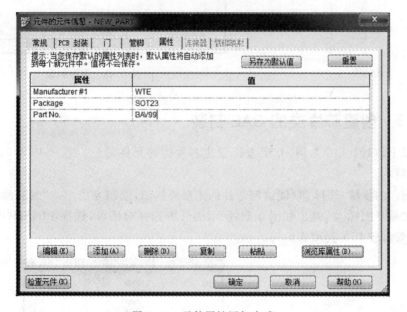

图 3.44　元件属性添加完成

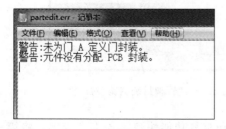

图 3.45　有错误信息的记事本

图 3.46　没有错误信息的记事本

完成"元件的元件信息"设置后,单击"确定"按钮,完成元件的编辑,如图3.47所示。

(11) 保存元件名为BAV99,如图3.48所示。

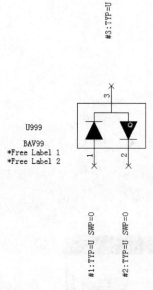

图 3.47　BAV99 元件

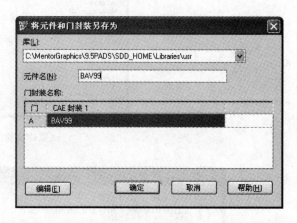

图 3.48　保存封装

3.2.3　创建芯片类的 CAE 封装

下面以 PT4101 芯片为例,介绍怎样创建芯片类的元件封装。芯片 PT4101 的封装图如图 3.49 所示。

参考前面的步骤,选择 2D 线绘制芯片的矩形外框图,绘制完成后从"封装编辑"工具栏中单击添加端点图标 ,弹出如图 3.50 所示的管脚选择对话框,选择 PINSHORT 类型管脚,该类型管脚较 PIN 类型管脚短。

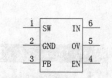

图 3.49　PT4101 封装图

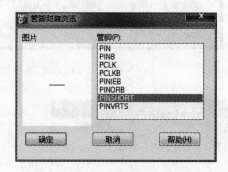

图 3.50　"管脚封装浏览"对话框

当管脚数量需要添加较多时,可采用分步和重复功能快速添加多个管脚。将第一个管脚摆放好后右击,从弹出的快捷菜单中选择"分步和重复"命令,如图 3.51 所示。选择"分步和重复"命令,如图 3.52 所示。

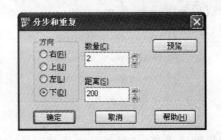

图 3.51　重复添加管脚菜单　　　　　　　　图 3.52　"分步和重复"对话框

在弹出对话框的"方向"栏中可以选择重复添加管脚的方向（上、下、左和右），可在管脚数量文本框中输入要自动重复产生的管脚数目，如 2；在距离文本框中可设置自动重复添加的管脚间的距离，如 200。在图 3.52 中，单击"预览"按钮将看到操作效果，如图 3.53 所示。

注意：管脚要放在 100 的栅格线上。

在放置第 4 个管脚时，单击添加端点图标 ，在"管脚封装浏览"中选择 PINSHORT，确定后右击，在弹出的快捷菜单中，选择"X 镜像"命令，放在右下方管脚处完成第 4 个管脚的添加，如图 3.54 所示。

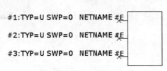

图 3.53　放置前 3 个管脚

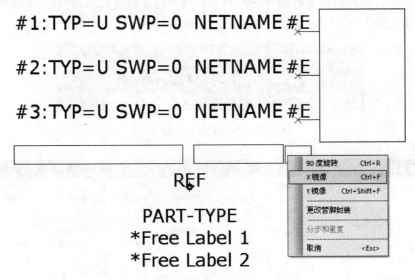

图 3.54　选择"X 镜像"命令

如图 3.55 所示，完成第 5 个管脚添加后，可以按照上面重复添加管脚的步骤进行，或者手动添加管脚，右击添加完所有管脚。

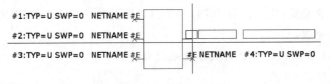

图 3.55　放置第 5 个管脚

添加完成后如图 3.56 所示。

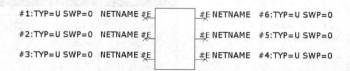

#1:TYP=U SWP=0	NETNAME #E		#E NETNAME	#6:TYP=U SWP=0
#2:TYP=U SWP=0	NETNAME #E		#E NETNAME	#5:TYP=U SWP=0
#3:TYP=U SWP=0	NETNAME #E		#E NETNAME	#4:TYP=U SWP=0

图 3.56 添加完管脚

添加完管脚后将 CAE 封装保存为 PT4101,如图 3.57 所示。

图 3.57 将 CAE 封装保存到库中

3.2.4 利用向导创建 CAE 封装

如果 CAE 封装外形是方形的,可采用 CAE 封装向导创建 CAE 封装。单击图标，如图 3.58 所示。进入"CAE 封装向导"对话框,如图 3.59 所示。

图 3.58 "CAE 封装向导"图标

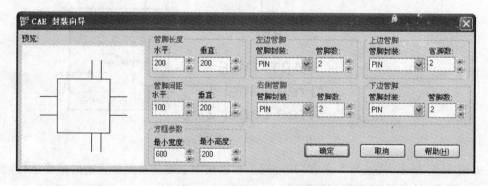

图 3.59 "CAE 封装向导"对话框

参照图 3.60 的设置,建立芯片 PT4101 的 CAE 封装。单击"确定"按钮,芯片 PT4101 的 CAE 封装创建完成。

注意:图 3.61 右边框选的管脚顺序是顺时针排列。建议 CAE 封装的管脚顺序与 PCB 实物管脚顺序(逆时针)对应。

修改管脚顺序可采用手工调整,也可以先选中管脚 4,单击工具栏的"更改序号",如

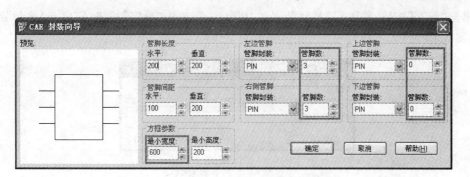

图 3.60　设置封装参数

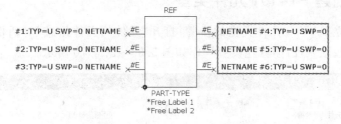

图 3.61　PT4101 的 CAE 封装

图 3.62 所示。弹出对话框,输入新的管脚序号 6,然后单击"确定"按钮,如图 3.63 所示。

图 3.62　单击"更改序号"图标

图 3.63　输入新的管脚序号

右边管脚的顺序改变为逆时针排列,如图 3.64 所示。

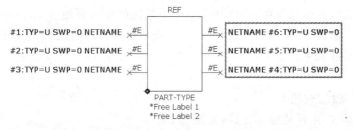

图 3.64　调整完管脚后的 CAE 封装

单击"保存"按钮,输入 CAE 封装名称"PT4101",单击"确定"按钮,完成 CAE 封装的保存,如图 3.65 所示。

图 3.65　将 CAE 封装保存到库中

3.2.5　创建 PT4101 元件类型

参照上述建立 BAV99 元件类型的步骤,打开"元件的元件信息"对话框进行编辑。在"常规"选项卡中按默认设计,其他设置操作如图 3.66～图 3.70 所示。

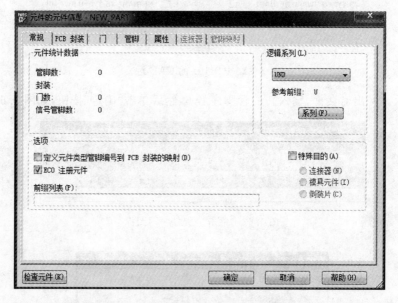

图 3.66　"常规"选项卡按默认设置

对管脚分配有以下两种方法。

(1) 第一种方法:直接在选项卡中逐项编辑,操作如建立 BAV99 元件所述,适用于元件管脚数量少的情况。

(2) 第二种方法:建立如图 3.71 所示的一个 Excel 表格,输入表中内容(其内容是根据 DataSheet 制作的),然后复制图 3.71 中 Excel 表框选的内容到图 3.70。或者单击图 3.70 中"导入 CSV"按钮,将 Excel 表中的内容导入。成功导入后如图 3.72 所示。

提示:在 Excel 表中,"管脚组"一列要写"门 A"不能写"门-A",名称中不能有空格,否则会报错。

图 3.73 为"属性"选项卡。

至此,PT4101 芯片封装建立完成,见图 3.74。

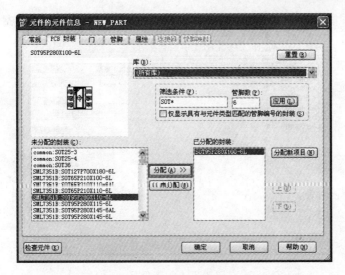

图 3.67　分配 PCB 封装

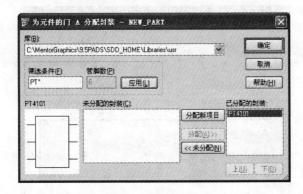

图 3.68　分配 CAE 封装

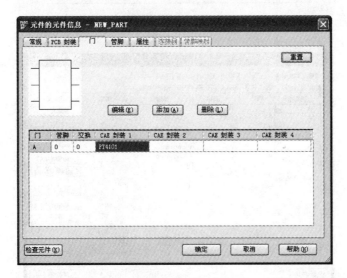

图 3.69　"门"添加

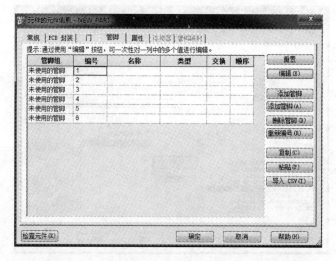

图 3.70　管脚分配

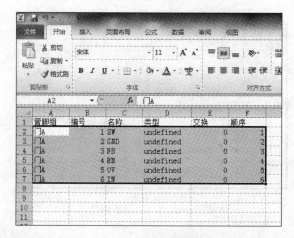

图 3.71　建立 Excel 表格并编辑

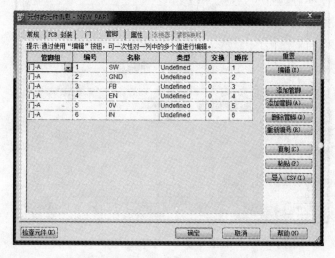

图 3.72　成功导入后的"管脚"选项卡

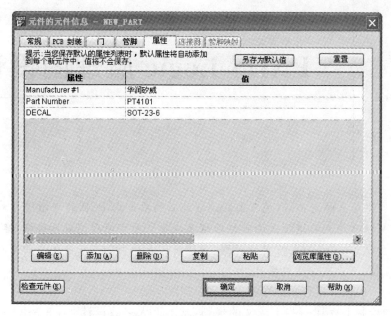

图 3.73　"属性"选项卡

```
#1:TYP=L SWP=0          1  SW  IN  6          #6:TYP=L SWP=0

#2:TYP=L SWP=0          2  GND OV  5          #5:TYP=L SWP=0

#3:TYP=L SWP=0          3  FB  EN  4          #4:TYP=L SWP=0
```

图 3.74　PT4101 芯片封装建立完成

本章小结

本章主要介绍了 PADS Logic 元件库创建过程和常用元件的建库步骤,通过本章的学习,读者应该学会举一反三,掌握不同元件的建库方法。

第 4 章

PADS Logic 原理图设计

当 PCB 变得越来越复杂后,原理图的设计就必须要考虑 PCB 的可维修性和可更换性,所以,原理图风格在很大程度上是由可维修性来决定。对于原理图设计风格,建议做到逻辑流清晰、符号要统一、符合一些既定的规则、注释清楚等原则。在一些复杂的电路设计中,合理使用总线连接,可以减少连线数目。

原理图的一般设计流程图如图 4.1 所示。

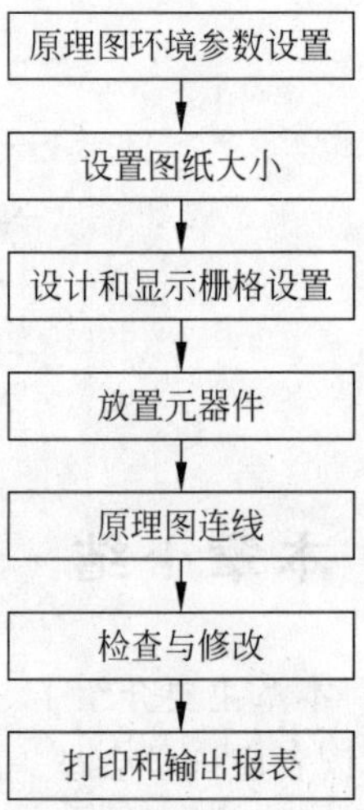

在电路的绘制上存在一些不成文的规则,基本上大多数设计者要遵守。但因为各种各样的原因,例如,公司统一的标准、各国之间的情况不同等原因,虽然为数不多,也存在与以下绘图方法违背的电路。

原理图设计一般应遵循以下基本原则。

➢ 信号的流动方向是由左向右。原则上,规定左侧是输入端子,右侧是输出端子。

➢ 电源的正侧在上,负侧在下。在绘制电流时,按照从上到下的顺序。至于左右的顺序并没有统一的规定。

➢ 要使用约定俗成的符号。

➢ 同一模块的元器件尽量靠近,不同模块中的元器件稍微远离。

➢ 充分利用总线、网络标号和电路端口等电气符号,使原理图清楚明了。

➢ 网格值应该固定,例如 100。如果设计的所有环节都基于这样的网络标准,那么所有的元素(元件、连线、文字等)更易于编辑和移动。

➢ 增加必要的注解。注解可以作为对数据值、功率等的归纳性陈述。例如"除特殊说明,所有的电阻是 1/4W,2%。"这样减少必须标准原理图上的值的数量,缩小原理图尺寸并且实现重复使用的值和电路。

原理图环境参数设置
↓
设置图纸大小
↓
设计和显示栅格设置
↓
放置元器件
↓
原理图连线
↓
检查与修改
↓
打印和输出报表

图 4.1　原理图的一般
设计流程图

4.1　原理图参数设置

打开"工具"菜单,选择"选项"命令,弹出"选项"对话框,如图 4.2 所示。

① 显示设置选择默认即可;

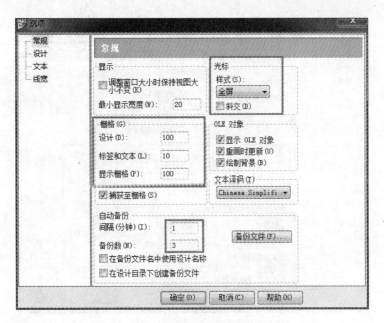

图 4.2　"选项"对话框

② 光标样式建议选全屏,在摆放元器件时方便调整和对齐;

③ 设计和显示栅格设置。

PADS Logic 有两种栅格(Grid):设计栅格(Design Grid)和显示栅格(Display Grid)。

➤ 设计栅格(Design Grid)指的是光标每移动过一小格的距离。

➤ 显示栅格(Display Grid)是一种点状的栅格,用于设计的辅助。可以设置显示栅格
与设计栅格匹配,也可以设置显示栅格为设计栅格的倍数。

在图 4.2 中,"常规"选项卡下可以观察到当前的设计栅格(Design Grid)和显示栅格
(Display Grid)的设置情况。

除了在菜单中设置两种栅格,还可以通过无模命令设置,对于显示栅格,输入 GD(注:
不区分大小写字母),字符窗口将显示一个直接命令,并显示 GD 字符,输入 100,按下 Enter
键。也可以输入"G 100"用来设置设计栅格。

4.2　设计图纸

1. PADS Logic 中的图纸尺寸

用合适的图纸来绘制原理图,可以使显示和打印效果清晰。

设置图纸大小,打开"工具"菜单,选择"选项"命令,从弹出的"选项"对话框中选择"设
计"选项卡,如图 4.3 所示。从"图页"区域的"尺寸"列表中选择所需要设置的图纸尺寸,如
本实例选择了图纸尺寸为 B。同时,还需要选择图纸的边界线,要保证图纸边界和图纸大小
相匹配,例如本实例选择了图纸 B,则应该选择与图纸尺寸 B 相匹配的图纸边界,即 SIZEB。
此时可以单击"选择"按钮,从如图 4.4 所示的对话框中选择所对应的图纸边界。

2. 多张图纸设计

当绘制一个复杂的原理图时,一般在多张图纸上实现,从而可以使每张图纸的大小

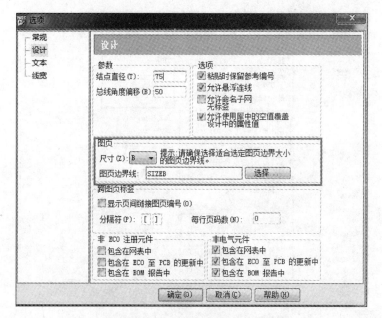

图 4.3 "设计"选项卡推荐设置

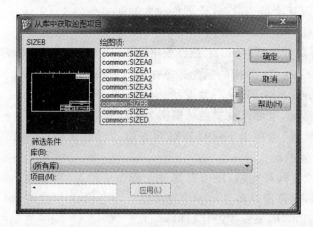

图 4.4 "从库中获取绘图项目"对话框

适中。

PADS Logic 为用户提供了将一个原理图分在多张图纸上进行绘制的功能。用户打开"设置"菜单,选择"图页"命令来为一个原理图设置多张图纸。当执行该命令后,系统会弹出如图 4.5 所示的图纸对话框。如果当前图纸没有命名,可以选中图纸项,然后单击"重命名"按钮即可输入新的图纸名。

如果需要添加新的图纸,则可以单击"添加"按钮,系统会自动为当前的原理图添加一张新的未命名的图纸,按照上面命名图纸的操作可以命名新添加的图纸。PADS Logic 允许用户为一个原理图设置多达 1024 张图纸。

需要调整图纸的先后顺序,可以选中某个需要调整顺序的图纸,单击"上"或"下"按钮进行调整。删除某张图纸,则可以选中该图纸后单击"删除"按钮即可。

单击"关闭"按钮完成设置。添加了新的图纸后,在项目浏览器中会显示新添加的图纸,如图4.6所示,即为当前的原理图添加了新的图纸SHEET2后的项目浏览器状态。

图4.5 添加了新图纸的对话框　　　　图4.6 项目浏览器

4.3 在原理图中编辑元件

4.3.1 添加元件

打开设计文件,设置好工作环境后,在原理图编辑工具栏(见图4.7)中单击按钮 ,打开如图4.8所示的"从库中添加元件"窗口。

图4.7 编辑工具栏

图4.8 "从库中添加元件"窗口

该对话框中的"筛选条件"区域为查找元件时的过滤设置区。"库"下拉列表下可以选择元器件库,"项目"栏中可输入要查找的元件名称,并且支持模糊查找。

➤ 输入"U*"时,单击"应用"按钮,则在选择的库中搜索以"U"字母开头的所有元器件,并且在元件列表框中显示。

> 输入"U* B*",则搜索以字母"U"开头并且有字母"B"为关键字的所有元件。其中
"*"代表任意个字符的通配符,也可以使用"?",代表单个字符的通配,还可以在搜
索中两个通配符并用,如输入"U* B?"进行搜索。

注意:标准元件库中没有所需的元件,需要根据实际情况先建立元件。本例中元件
USB-FANG 是先建立的元件。

在元件列表框中选择要添加的元件(USB-FANG),此时该元件高亮显示,同时元件预
览窗中显示该元件原理图封装。

单击"添加"按钮,USB-FANG 原理图封装将粘附在光标上,如图 4.9 所示,移动光标到
绘图工作区的合适位置,左击,即可完成一个元件的放置。

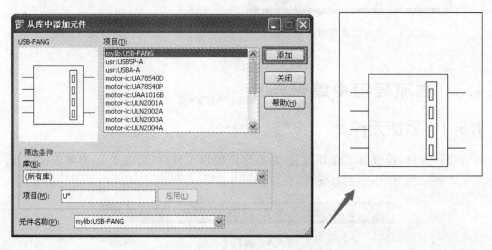

图 4.9 添加元件

PADS Logic 将根据元件类型给元件自动分配前面未
使用的参考编号,如"U3",编号"3"是"没有使用的最小
编号"。

放置完成后,光标仍处于浮动状态,若还需相同的元件,
可继续左击进行放置;若需要放置其他元件,则可右击,打
开如图 4.10 所示的编辑属性快捷菜单,选择"取消"命令,或
者在光标处于浮动状态时按下 Esc 键。

图 4.10 编辑属性快捷菜单

按照相同的方法选择并放置原理图所需要的所有元件,
然后单击添加元件对话框中的"关闭"按钮退出添加元件状态。

4.3.2 删除元件

删除元件有以下 3 种方法。

(1)单击原理图编辑工具栏中的按钮 ✖,同时选择项目浏览器栏原理图下的 ⊡ 图标或
者 ▨ 图标,然后单击要删除的元件即可。

(2)单击选择元件,此时元件变为白色,然后按下 Delete 键即可。

(3)单击选择要删除的元件,然后右击,打开如图 4.11 所示的元件相关操作快捷菜单,

选择"删除"命令。

如果在选择过滤工具栏中单击按钮 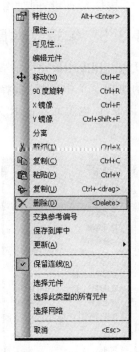，则上述方法同样适用于删除其他任何目标，如网络、总线、文本、2D线等。

4.3.3　移动及调整方向

1. 移动元件

移动元件有以下 4 种方法。

（1）单击原理图编辑工具栏中的按钮 ，在选择过滤工具栏中单击按钮 ，然后单击要移动的元件，此时光标处于浮动状态，移动光标到目标位置单击即可。

（2）单击选择元件，按住鼠标左键不放，拖动到目标位置松开即可。

（3）单击选择要移动的元件，然后右击，打开如图 4.11 所示快捷菜单，选择菜单中的"移动"命令，此时光标处于浮动状态，移动光标到目标位置单击即可。

（4）使用快捷键，选择元件，然后按 Ctrl＋E 组合键，此时光标处于浮动状态，移动光标到目标位置单击即可。

如果在选择过滤工具栏中单击按钮 ，则上述方法同样适合用于移动其他任何目标。

图 4.11　元件相关操作快捷菜单

2. 调整元件方向

调整元件方向有以下 3 种方法。

（1）在放置元件时，当光标处于浮动状态时，右击，打开如图 4.11 所示快捷菜单，选择"90 度旋转"为逆时针旋转 90°，"X 镜像"为水平镜像，"Y 镜像"为垂直镜像。

（2）在放置元件后，单击选择要调整的元件，然后右击，打开如图 4.11 所示快捷菜单，选择"90 度旋转"为逆时针旋转 90°，"X 镜像"为水平镜像，"Y 镜像"为垂直镜像。

（3）在放置元件后，使用快捷键，选择要调整的元件，然后按 Ctrl＋R 组合键，逆时针旋转 90°，按 Ctrl＋F 组合键，水平镜像；按 Ctrl＋Shift＋F 组合键，垂直镜像。

4.3.4　复制与粘贴

下面以元件的复制与粘贴为例，实现该操作有 4 种方法。

（1）单击原理图编辑工具栏中的按钮 ，在选择过滤工具栏中单击按钮 ，然后单击要复制的元件，此时光标处于浮动状态，移动光标到目标位置单击即可。此时光标仍处于浮动状态，若需要可继续放置，否则按下 Esc 键退出。

（2）选择要复制的元件，然后右击，打开如图 4.11 所示快捷菜单，选择菜单中的"复制"命令，然后移动光标到目标位置，右击，在打开的如图 4.11 所示的菜单中选择"粘贴"命令。

（3）使用快捷键，单击选择要复制的元件，按 Ctrl＋C 组合键复制元件，然后按 Ctrl＋V 组合键粘贴元件。此时，光标处于浮动状态，移动光标到目标位置单击即可。若需复制多个相同元器件,可继续按 Ctrl+V 组合键来完成。

(4) 按住 Ctrl 键,同时用鼠标左键拖动要复制的元件,放置即可。

4.3.5　编辑元件属性

从原理图库中取出并放置后的元器件还没有输入参数等属性,在原理图空白处右击,在弹出的快捷菜单中选择"选择元件"命令,如图 4.12 所示。然后双击元件,将弹出"元件特性"对话框,以电阻元器件 R 为例,如图 4.13 所示。

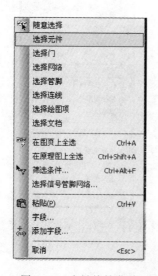

图 4.12　右键快捷菜单

图 4.13　"元件特性"对话框

在图 4.13 中选择图标 ,进入"元件属性"对话框,如图 4.14 所示。

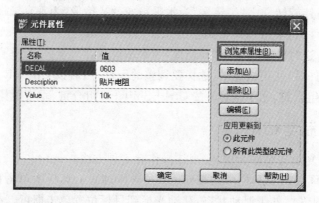

图 4.14　"元件属性"对话框

元件属性的常用设置有如图 4.14 中的几项。

➢ DECAL:元件封装;

➢ Description:元件注释;

➢ Value:元件参数,如电阻的阻值、电容的容量等。

单击"浏览库属性"按钮还可以添加元件的其他属性,如:Manufacturer♯1 元件的生产厂家、Part Number 元件型号、Cost 元件价格等，如图 4.15 所示。

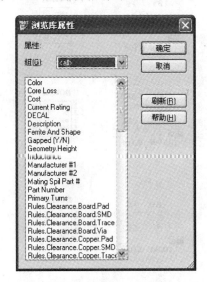

图 4.15　"浏览库属性"对话框

4.4　在原理图中添加导线

以 USB HUB 为例(详见第 10 章中的案例原理图)，讲解如何在原理图中添加导线。准备工作需先添加元件，若库中没有所需的元件，则按照第 3 章所述，把缺少的元件建好。

图 4.16 是 USB HUB 的输入端口、主芯片及外围电路元件摆放形式。

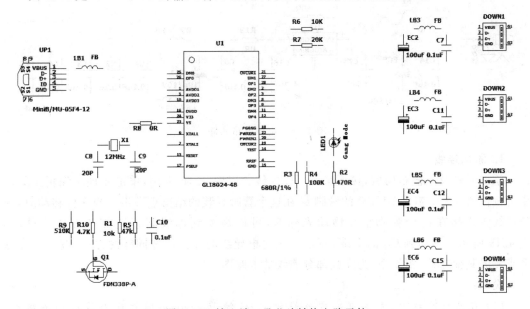

图 4.16　输入端口及芯片转换电路元件

图 4.17 所示为 USB HUB 输出端口及周边元件摆放形式。

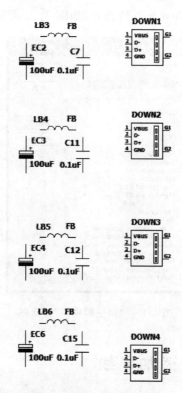

图 4.17　输出端口电路元件

图 4.18 所示为电源及周边元件摆放形式。

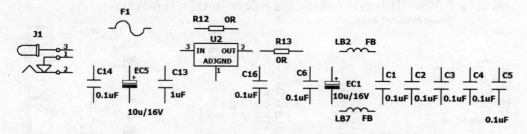

图 4.18　电源电路元件

1. 添加连线

添加元件及大概布局后,接下来就可以连线。以图 4.16 为例,单击原理图编辑工具栏中的按钮 ▦ ,选择芯片 GL850 的管脚 6,在这个管脚封装的结束点左击。当光标移动时,一条连线将连接在这个管脚上。移动光标时,可以观察到连线将以正交的方式前进,如图 4.19 所示。移动到 C8 的上端,左击完成这根导线的连接。按同样的方法,按照原理图要求完成其他连接,图 4.20 为完成部分连线的电路图。

说明:

(1) 在连线过程中,左击可确定连线的拐角,按 Backspace 键将删除最后一个拐角。当光标处于浮动状态时,右击,在弹出的快捷菜单中选择“角度”命令,可以实现任意角度布线。

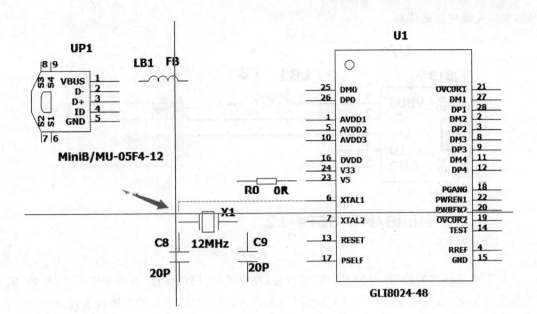

图 4.19 连线以正交方式前进

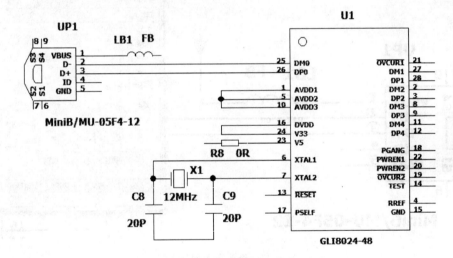

图 4.20 完成部分管脚连接的电路图

（2）在相交的连线处左击会自动产生节点，并且操作过程中多余的节点会自动清除。

2. 移动导线

单击原理图编辑工具栏中的按钮 ⊞，在某个管脚的连线上左击，此时连线的终点将跟随着光标，移动光标到目标位置后，左击完成连线的调整。

另外，在要调整连线的位置上，直接按住鼠标左键，此时连接的终点将跟随着光标，移动光标到目标位置后，左击，同样可以调整连线。

3. 添加电源和接地符号

单击原理图编辑工具栏中的按钮 ▦，然后单击 LB1 的管脚 1，此时会出现一条浮动的线，右击，在弹出的快捷菜单中选择"电源"命令，如图 4.21 所示。移动光标到合适的位置后,左击完成电源的添加。

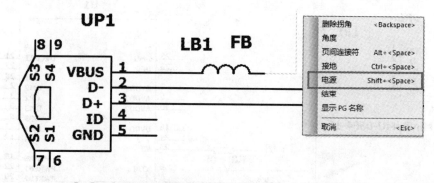

图 4.21　添加电源符号

对于电源网络的设置,可以双击电源符号,在打开的"网络特性"对话框中的"网络名"输入电源网络名,如图 4.22 所示。如果该网络名存在,可以单击下拉列表进行选择。

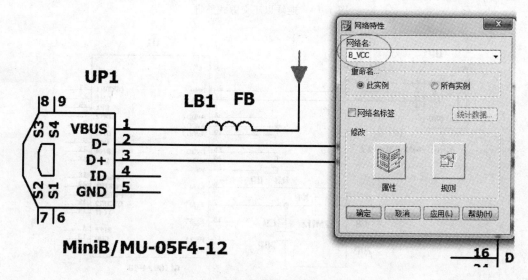

图 4.22　修改电源网络名

添加接地符号的方法与电源符号相同,不再赘述。如图 4.23 所示。PADS Logic 提供了以下 3 种接地符号。

- $\perp$ GND
- ∇ AGND
- $\not\Vdash$ CHGND

在添加接地符号后右击,在弹出的快捷菜单中选择"备选"命令或者按快捷键 Ctrl+Tab,即可选择接地符号,如图 4.24 所示。

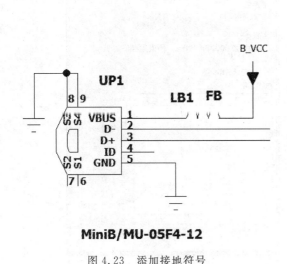

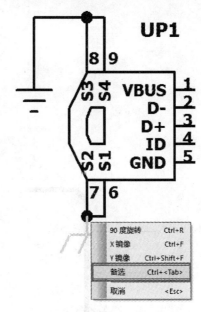

图 4.23　添加接地符号　　　　　　　　　　图 4.24　切换接地符号

4.5　在原理图中绘制总线

4.5.1　总线的连接

1. 总线的建立

总线是指一组具有相关性的信号线,原理图中使用较粗的线条代表总线(线宽可修改)。在原理图设计中,总线根据设计人员绘制原理图的习惯而设置,目的是为了简化连线的表现方式和便于分析电路的信号流。

通常总线会有网络定义,将多个信号集中在一起定义为一个网络,以总线名称开头,后面接相应的数字,即总线各个信号的网络名。如图 4.25 所示,A[0:2]为总线名称,A 表示总线名,[0:2]表示该总线有 0～2 共 3 条总线信号,表示方法必须为[xx:yy],xx 表示总线的起始信号,yy 表示总线的结束信号。而总线各信号的网络分别为 A0,A1,A2 等,即总线名加相应的信号序号。

添加总线的操作过程具体如下。

(1) 首先从设计工具栏选择添加总线命令,即单击"添加总线"图标按钮 。

(2) 在合适的位置上左击建立总线的第一个点,然后拖动鼠标建立一个拐角,在合适的位置结束。当结束总线时,可以双击或者按 Enter 键结束总线,弹出"添加总线"对话框,如图 4.26 所示。

在"总线名称"编辑框中输入总线名 PCI_AD[0:31],即总线名称为 PCI_AD,其总线标号从 0 到 31。在此对话框中,还可以在"总线类型"区域中选择"位格式"。

单击"确定"按钮,总线标号外框将附着在光标上。

如图 4.27 所示即为添加了 PCI_AD[0:31]的原理图。

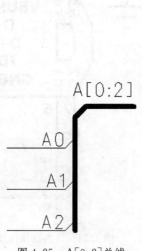

图 4.25 A[0:2]总线

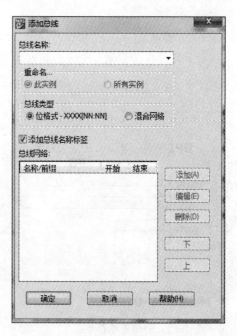

图 4.26 "添加总线"对话框

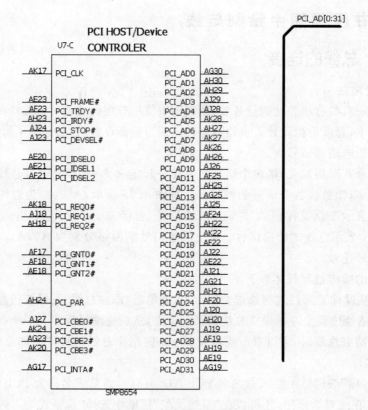

图 4.27 添加总线的原理图

2. 连接总线

添加总线后,还需要将总线和信号连接起来。连接总线可以通过"添加连线"命令来实现。

(1)执行设计工具栏的"添加连线"命令图标 ,进入连线操作状态。

(2)在连接总线的信号处左击,如在 U7-C 的 AG30 号管脚,即 PCI_AD0 处左击,光标将变为连线状态。

(3)使用鼠标拖动预拉线,平行移动到总线处,如图 4.28 所示。

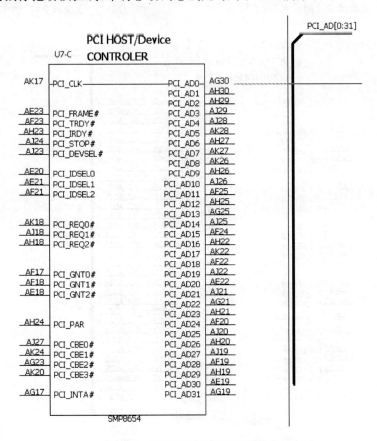

图 4.28 平行移动预拉线至总线处

(4)在总线处左击,系统会打开如图 4.29 所示的"添加总线网络名"对话框。在该对话框中可以输入总线连接的网络名称,也可以从下拉列表中选择网络名称。

(5)选择网络名称后,单击"确定"按钮,完成网络名称的设置。然后返回到连线状态,此时网络名称框就显示在连线上,即完成了一个总线信号的连接。

(6)使用复制命令,可快速连接到总线。选择 PCI_AD0 连线,然后单击按钮 ,一个连线的复制粘连在光标上,然后右击,从弹出的快捷菜单中选择"分布和重复"命令,设置方向、数量和间距,如图 4.30 所示,然后单击"确定"按钮,其他管脚的连线快速连接到总线上。

完成总线连接的原理图如图 4.31 所示。

图 4.29 "添加总线网络名"对话框

图 4.30 "分步和重复"操作栏

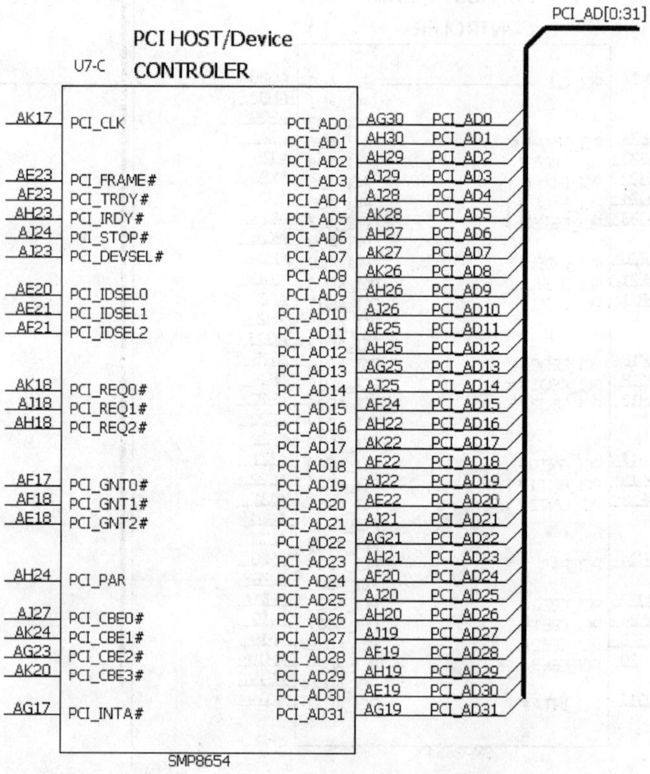

图 4.31 总线连接的原理图

3. 混合网络

当总线信号中有多种网络名,可以使用总线类型的混合网络,如图 4.32 所示。

图 4.33 是总线采用混合网络的原理图。该图中总线使用到 P0 和 P1 两种类型的端口。设置总线特性时,总线名称设置为 LED_BUS,总线类型设置为"混合网络",总线网络设置为 P0 和 P1 端口的开始和结束标号,设置如图 4.32 所示。

4.5.2 分割总线

分割总线是将总线的一个段落分为两个段落。通常要根据设计中其他元件的摆放而调整总线的位置,所以需要用到分割总线的操作。

单击分割总线图标▨,然后左击选中总线上一点并拖动鼠标,在另一个位置上再次左

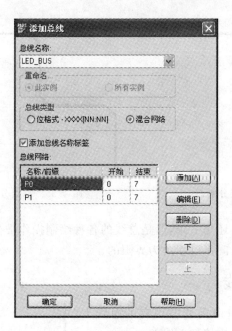

图 4.32 设置总线类型

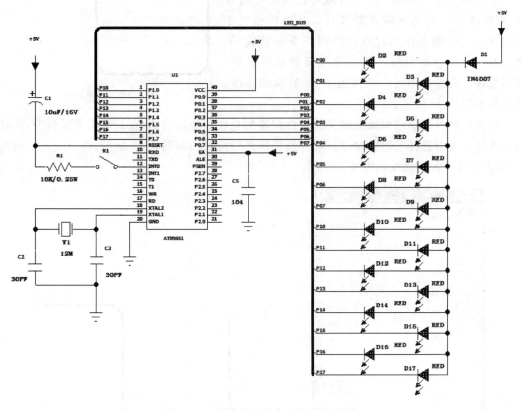

图 4.33 总线采用混合网络的原理图

击,确定总线分割后的效果,分割总线前后的效果如图 4.34 和图 4.35 所示。

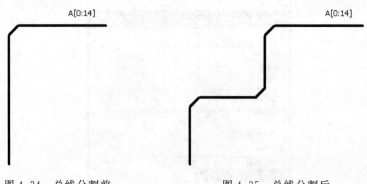

图 4.34　总线分割前　　　　　　　　图 4.35　总线分割后

实际上,总线在逻辑上还是一条,但是总线的各种绘制操作被分成若干段。总线在绘制上是分段进行的,段与段之间是以拐角为界限的。

4.5.3　延伸总线

在绘制总线的时候,有时需要在现有的总线上延伸总线,以便于总线信号连接到总线上。

单击延伸总线图标 ,便可进行延伸总线的操作,此操作需在总线的端点处进行。此操作相当于将原有总线的端点作为起点再绘制一条新总线,不同之处在于绘制的总线不需要定义新的总线名称,沿用总线已有部分即可。延伸图 4.34 所示的总线,其效果如图 4.36 所示。

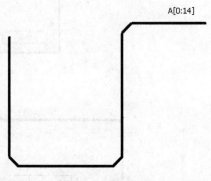

图 4.36　延伸总线

延伸总线可以通过修改总线的属性达到增加总线容量的目的,在总线的末尾右击,在弹出的快捷菜单中选择"特性"命令,弹出"总线特性"对话框,如图 4.37 所示,将 A[0:14]改为A[0:16],延伸后的总线如图 4.38 所示。

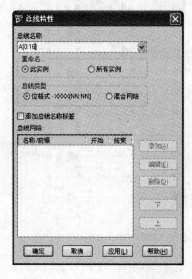

图 4.37　"总线特性"对话框

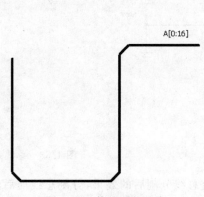

图 4.38　修改后的总线

本章小结

本章主要介绍了原理图绘制及修改相关元素的步骤,通过本章的学习,读者可以初步掌握 PADS Logic 的应用,对 PADS Logic 原理图设计有一定了解。

第 5 章

PADS Layout 图形用户界面

与 PADS Logic 相比,PADS Layout 的操作工具更多,在设计 PCB 时,需要设置各种参数。同时,熟练使用无模命令和快捷方式,对提高 PCB 设计的效率很有帮助。

5.1 PADS Layout 功能简介

PADS Layout 功能强大,其交互式操作的图形用户界面的设计具有非常易于使用和高效率的布局特点。PADS Layout 致力于满足各个层次 EDA 用户的需求,在满足专业设计用户需要的同时,还考虑到一些初次使用 PCB 软件的用户需求。

5.2 PADS Layout 用户界面

PADS Layout 的用户界面和 PADS Logic 的用户界面相似,由菜单栏、工作界面、标准工具栏、状态栏、项目浏览器、输出窗口组成,如图 5.1 所示。

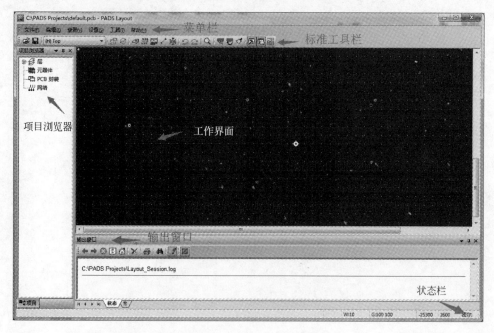

图 5.1　PADS Layout 用户界面

菜单栏包括"文件""编辑""查看""设置""工具""帮助"等菜单。通过单击其下拉菜单可进行 PADS Layout 大部分操作。

5.2.1 PADS Layout 工具栏

PADS Layout 的标准工具栏如图 5.2 所示。

图 5.2 标准工具栏

图标从左到右依次为打开文件、保存、选择当前工作层、特性、循环、绘图工具栏、设计工具栏、尺寸标注工具栏、ECO 工具栏、撤销、缩放、整板视图、刷新、输出窗口、项目浏览器窗口、PADS Router 切换图标。

绘图工具栏 ：点开绘图工具栏，见图 5.3。

图 5.3 绘图工具栏

图标从左到右依次为选择模式、2D 线、铜箔、铜箔挖空区域、覆铜、覆铜挖空区域、板框和挖空区域、禁止区域、文本、灌注、从库中提取、平面区域、平面挖空区域、自动分割平面层、填充、添加新标签、导入 DXF 文件、文本和线选项。

设计工具栏 ：点开设计工具栏，见图 5.4。

图 5.4 设计工具栏

图标从左到右依次为选择模式、移动、径向转动、旋转、绕原点旋转、交换元件、移动参考编号、查看簇、添加拐角、分割、添加布线、动态布线、草图布线、自动布线、总线布线、添加跳线、添加测试点、建立相似复用模块、设计选项。

尺寸标注工具栏 ：点开尺寸标注工具栏，见图 5.5。

图 5.5 尺寸标注工具栏

图标从左到右依次为选择模式、自动尺寸标注、水平、垂直、已对齐、已旋转、角度、圆弧、引线、尺寸标注选项。

ECO 工具栏 ：点开 ECO 工具栏，见图 5.6。

图 5.6 ECO 工具栏

图标从左到右依次为选择模式、添加连线、添加布线、添加元器件、重命名网络、重命名元器件、更改元器件、删除连线、删除网络、删除元器件、交换管脚、交换门、设计规则、自动重新编号、自动交换管脚、自动交换门、自动终端分配、添加复用模块、ECO 选项。

BGA工具栏█:点开BGA工具栏,见图5.7。

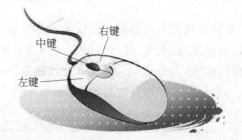

图5.7 BGA工具栏

图标从左到右依次为选择模式、模具向导、打线向导、模具标志向导、添加元器件、添加模具元件、打线编辑器、同步模具元件、更改元器件、添加连线、添加布线、动态布线、删除连线、删除网络、交换管脚、重命名网络、打线图、布线向导。

5.2.2 PADS Layout鼠标操控

PADS Layout提供了灵活方便的鼠标指令,通过鼠标就可以进行相应的操作,从而提高工作效率,如图5.8所示。

中键:
- 单击:偏移画面
- 按住中键拖曳:放大、缩小
- Ctrl+滚轮:放大、缩小
- 滑动滚轮:画面上下移动
- Shift+滚轮:画面左右移动

右键:
- 右击空白处:右键菜单
- 选择对象:对象右键菜单

左键:
- 单击:选取
- Ctrl+单击:加选/取消加选
- 双击:进入对象的属性
- 按住左键拖曳:框选

图5.8 PADS Layout鼠标操控

5.2.3 自定义快捷键

用户也可根据自身习惯自定义快捷键命令。打开"工具"菜单,选择"自定义"命令,弹出"自定义"对话框,如图5.9所示。其中,"键盘和鼠标"选项卡可以对软件自带的快捷键进行指定或修改;"宏定义"标签页支持调用和设置录制多动作的宏命令进行快捷键指定。

图5.9 "自定义"对话框

5.3 常用设计参数的设置

打开"工具"菜单,选择"选项"命令,弹出"选项"对话框,可以对 Layout 很多的设计参数进行设置。

1."全局/常规"标签页

"全局/常规"标签页推荐设置如图 5.10 所示。

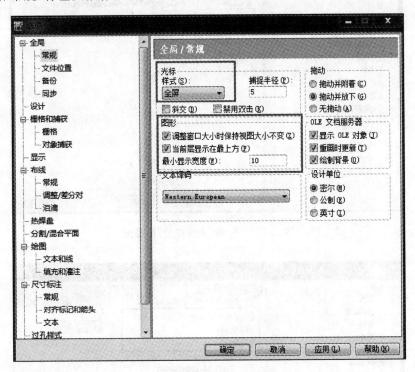

图 5.10 "全局/常规"标签页

2."全局/文件位置"标签页

"全局/文件位置"标签页推荐设置如图 5.11 所示。

3."全局/备份"标签页

"全局/备份"标签页推荐设置如图 5.12 所示。

4."全局/同步"标签页

"全局/同步"标签页推荐设置如图 5.13 所示。

5."设计"标签页

"设计"标签页推荐设置如图 5.14 所示,根据实际情况对推挤、线/导线角度、在线 DRC、倒角这几个选项进行设置。

6."栅格与捕获/栅格"标签页

"栅格与捕获/栅格"标签页推荐设置如图 5.15 所示。在布线时,建议把设计栅格和显示栅格同时设为 5mil。布局时,建议把设计栅格和显示栅格同时设为 25mil。所有"捕获至栅格"选项均建议勾选上。

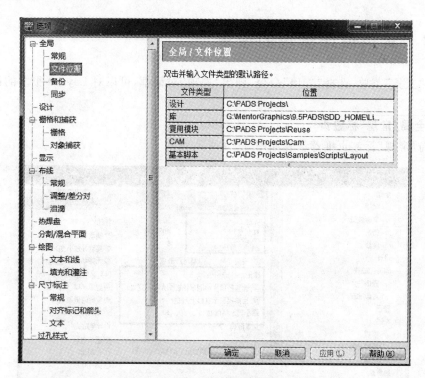

图 5.11 "全局/文件位置"标签页

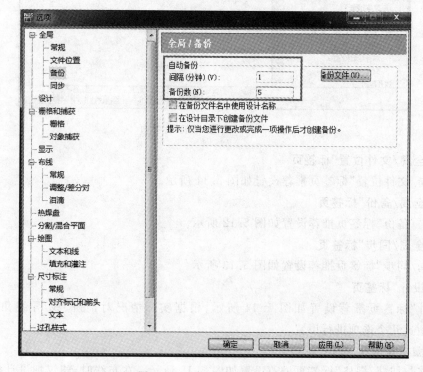

图 5.12 "全局/备份"标签页

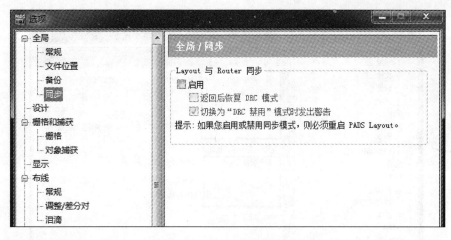

图 5.13 "全局/同步"标签页

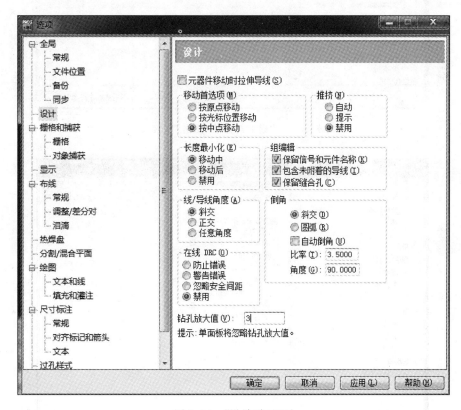

图 5.14 "设计"标签页

7. "栅格与捕获/对象捕获"标签页

"栅格与捕获/对象捕获"标签页推荐设置如图 5.16 所示。"栅格与捕获/对象捕获"用于设置光标的捕获对象,用户根据习惯以及实际情况进行设置。

8. "显示"标签页

"显示"标签页推荐设置如图 5.17 所示。"显示"标签页推荐使用默认设置,用于设置网络名和元件管脚编号字体大小等。

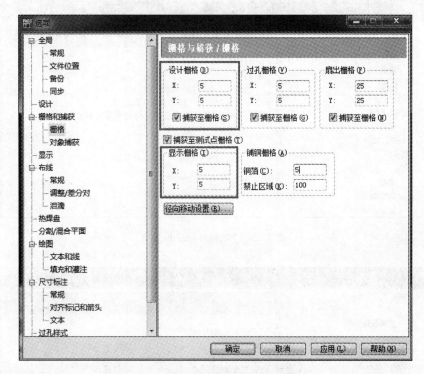

图 5.15 "栅格与捕获/栅格"标签页

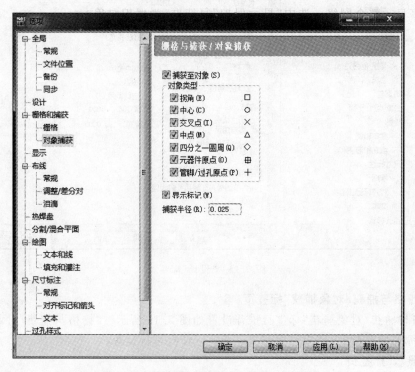

图 5.16 "栅格与捕获/对象捕获"标签页

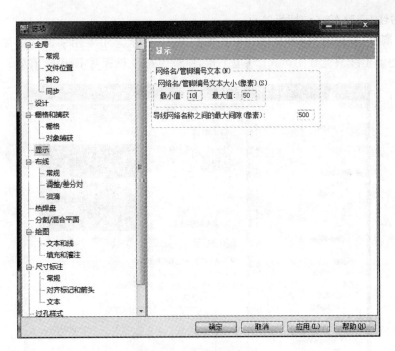

图 5.17　"显示"标签页

9. "布线/常规"标签页

"布线/常规"标签页推荐设置如图 5.18 所示。选中"亮显当前网络"复选框，在添加布线时会高亮显示整个网络。选中"显示保护"复选框，受保护对象会以透明形式显示。"层对"选项根据实际情况进行设置。

图 5.18　"布线/常规"标签页

10. "布线/调整/差分对"标签页

"布线/调整/差分对"标签页推荐设置如图5.19所示。主要用来设置蛇形走线的相关参数,由于蛇形走线只能在Router环境下走,所以该选项只针对Router有效。

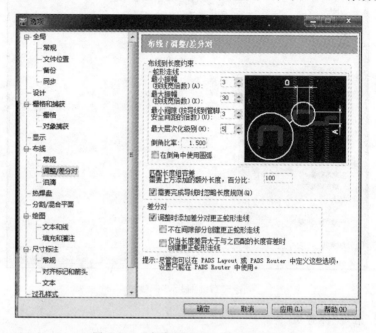

图5.19 "布线/调整/差分对"标签页

11. "布线/泪滴"标签页

"布线/泪滴"标签页的推荐设置如图5.20所示,用于设置泪滴参数。一般情况下,不推荐使用泪滴。

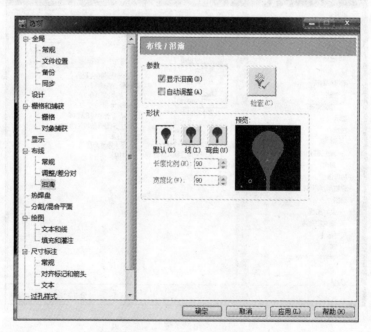

图5.20 "布线/泪滴"标签页

12. "热焊盘"标签页

热焊盘,指在大面积的接地(电)中,常用元件的管脚与其连接,兼顾电气性能与工艺需要,做成十字花焊盘,称为热隔离(Heatshield),俗称热焊盘(Thermal)。

"热焊盘"标签页推荐设置如图 5.21 所示。用于设置热焊盘参数,一般情况设置为"正交",不要设置成"过孔覆盖",在实际生产中容易出现虚焊,从而降低良品率。

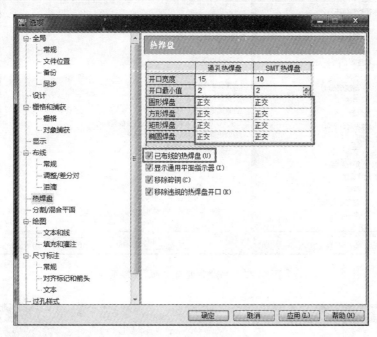

图 5.21　"热焊盘"标签页

13. "分割/混合平面"标签页

"分割/混合平面"标签页推荐设置如图 5.22 所示。用于设置多层板电源平面和地平面的属性。

14. "绘图/文本和线"标签页

"绘图/文本和线"标签页推荐设置如图 5.23 所示。字体的线宽和尺寸建议设为 5mil×50mil[①]。

15. "绘图/填充和灌注"标签页

"绘图/填充和灌注"标签页推荐设置如图 5.24 所示。"平滑半径"建议设为 0。

16. "尺寸标注/常规"标签页

"尺寸标注/常规"标签页推荐设置如图 5.25 所示。

17. "尺寸标注/对齐标记和箭头"标签页

"尺寸标注/对齐标记和箭头"标签页推荐设置如图 5.26 所示。

18. "尺寸标注/文本"标签页

"尺寸标注/文本"标签页推荐设置如图 5.27 所示,"线性"一项推荐设置为 2,测量单位可以精确到小数点后 2 位。

---

① 编辑注:mil 即千分之一英寸,1mil=1/1000inch=0.0254mm。全书同,特此说明。

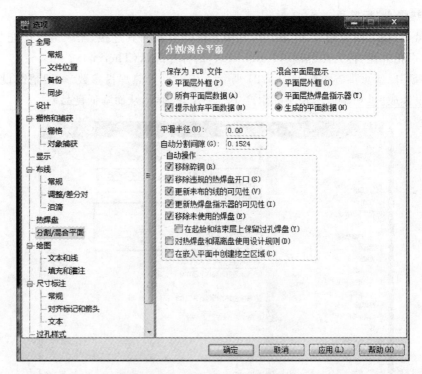

图 5.22 "分割/混合平面"标签页

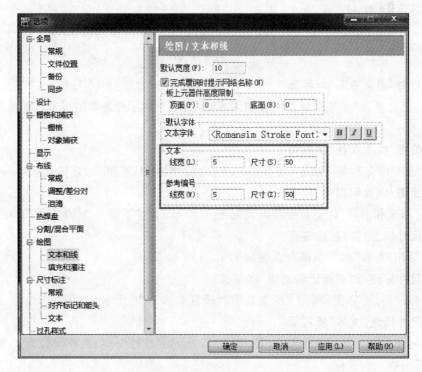

图 5.23 "绘图/文本和线"标签页

图 5.24 "绘图/填充和灌注"标签页

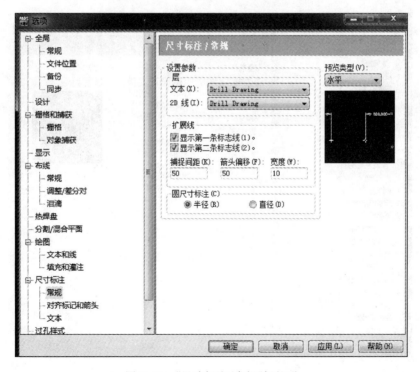

图 5.25 "尺寸标注/常规"标签页

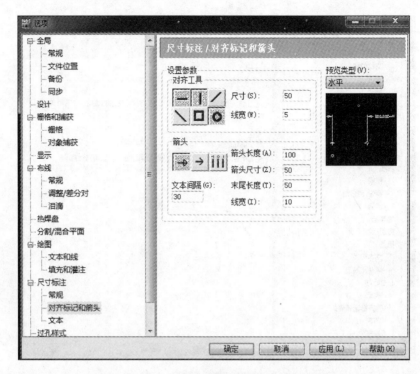

图 5.26 "尺寸标注/对齐标记和箭头"标签页

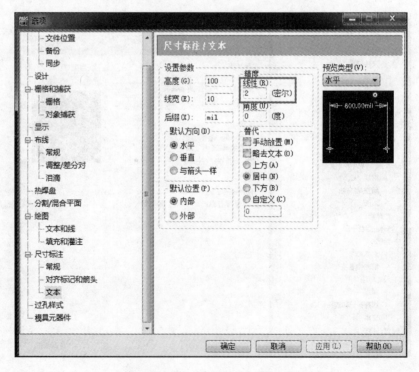

图 5.27 "尺寸标注/文本"标签页

19."过孔样式"标签页

"过孔样式"标签页推荐设置如图 5.28 所示,用于设置屏蔽过孔,在实际设计时不常用。

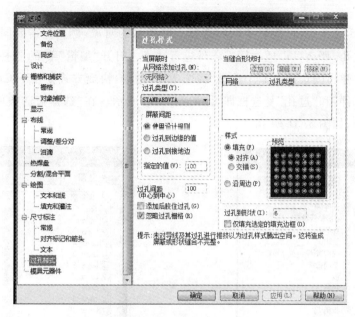

图 5.28　"过孔样式"标签页

5.4　"显示颜色设置"窗口

打开"设置"菜单,选择"显示颜色"命令,或按快捷键 Ctrl＋Alt＋C,弹出"显示颜色设置"窗口,如图 5.29 所示。可以根据需要,分别对不同的层及对象类型设置颜色。除此之外,还可以把颜色配置保存,以备下次设计调用。

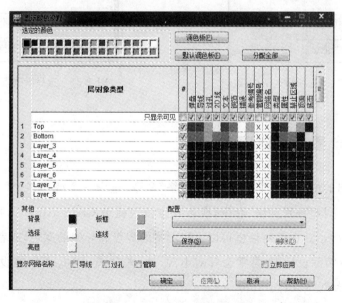

图 5.29　"显示颜色设置"窗口

5.5 "选择筛选条件"窗口

在实际 PCB 设计中,可能想要同时选择不同类型的对象,例如只需要同时选择板上所有的元件以及过孔,那么可以通过筛选条件进行选择。打开"编辑"菜单,选择"筛选条件"命令,或者右击,在弹出的快捷菜单中选择"筛选条件"命令,快捷方式为按下 Ctrl+Alt+F 组合键,只选中"元件"和"过孔"复选框即可,如图 5.30 所示。在"选择筛选条件"窗口中还可以对层进行筛选,如图 5.31 所示。

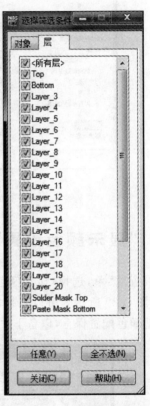

图 5.30 "选择筛选条件"窗口   图 5.31 选择筛选条件

5.6 "查看网络"窗口

右击,在弹出的快捷菜单中选择"选择网络"命令,选中一个或者多个网络。右击,在弹出的快捷菜单中选择"查看网络"命令,或者直接按快捷键 Ctrl+Alt+N,弹出"查看网络"窗口,如图 5.32 所示。在该对话框可以设置网络的焊盘和导线的颜色,或者打开/关闭网络的飞线。在 PCB 实际设计中,常常会针对电源、地、差分线、DDR 等网络设置颜色,以便区分,更直观地指导 PCB 设计。

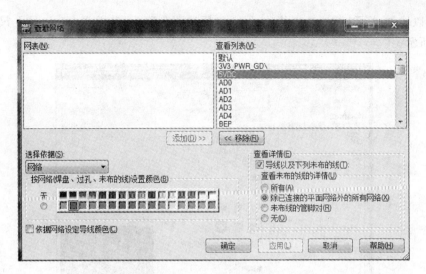

图 5.32 "查看网络"窗口

5.7 "焊盘栈特性"对话框

打开"设置"菜单,选择"焊盘栈"命令,弹出"焊盘栈特性"对话框,在此界面可以检查并修改封装,包括焊盘样式、尺寸、拐角类型、钻孔尺寸,电镀、封装单位等,如图 5.33 所示。

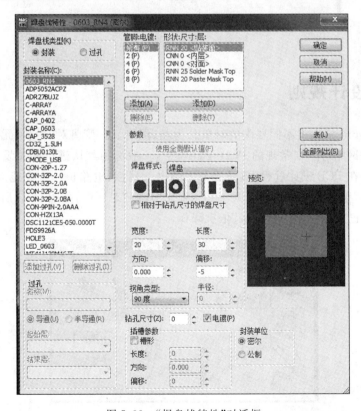

图 5.33 "焊盘栈特性"对话框

也可以增加、删除、检查或者修改过孔,包括过孔名称、焊盘样式、直径、钻孔尺寸等,如图 5.34 所示。

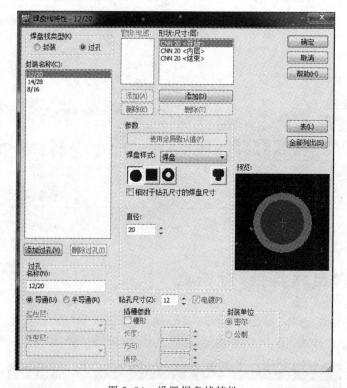

图 5.34　设置焊盘栈特性

5.8　设计规则

PADS Layout 根据将不同层次的对象分为类、网络、组、管脚对、封装、元件、条件规则、差分对、已关联网络等。在常规的 PCB 设计当中,一般选中默认进行相关设置。规则设置是非常重要的,在 PCB 设计过程中,需要考虑到电气属性、电路板厂生产能力、流水化作业等。打开"设置"菜单,选择"设计规则"命令,弹出"规则"对话框,如图 5.35 所示。图中各项规则优先级从"已关联网络"至"默认"依次降低。

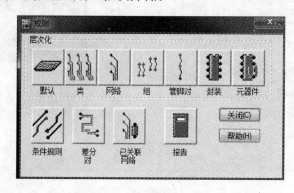

图 5.35　"规则"对话框

1. **默认线宽，安全间距规则设置**

单击图5.35中"规则"对话框中的"默认"按钮，弹出"默认规则"对话框，单击"安全间距"按钮，弹出"安全间距规则：默认规则"对话框，如图5.36所示。可以设置各个对象之间的安全间距以及线宽的最大值、最小值以及建议值。

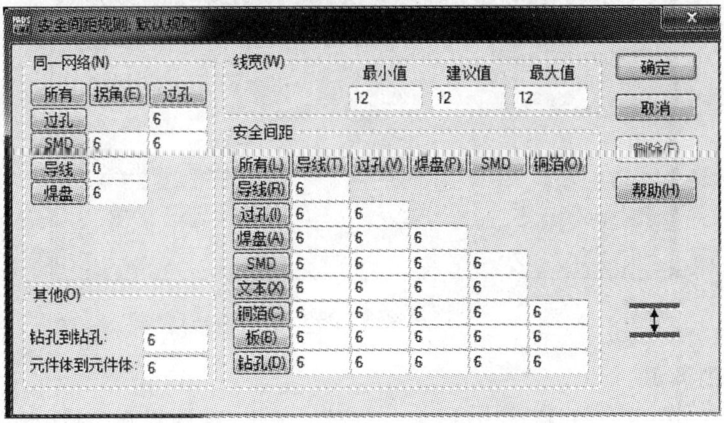

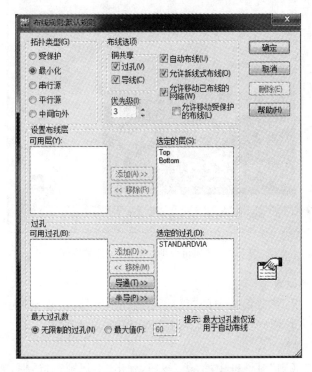

图5.36　"安全间距规则：默认规则"对话框

2. **布线规则设置**

单击图5.35中"规则"对话框中的"默认"按钮，弹出"默认规则"对话框，单击"布线"按钮，弹出"布线规则：默认规则"对话框，如图5.37所示。可以对默认布线相关选项进行设置。

图5.37　"布线规则：默认规则"对话框

3. 高速规则设置

单击图 5.35 中"规则"对话框中的"默认"按钮，弹出"默认规则"对话框，单击"高速"按钮，弹出"高速规则：默认规则"对话框，如图 5.38 所示。可以设置默认高速规则。

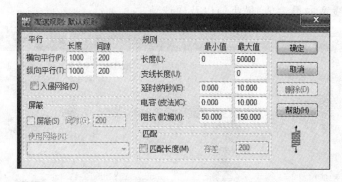

图 5.38 "高速规则：默认规则"对话框

4. 扇出规则设置

单击图 5.35 中"规则"对话框中的"默认"按钮，弹出"默认规则"对话框，单击"扇出"按钮，弹出"扇出规则：默认规则"对话框，如图 5.39 所示。可以设置默认扇出规则，扇出规则只针对 Router 有效。

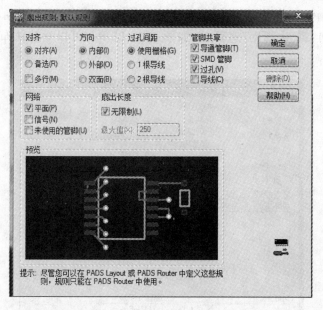

图 5.39 "扇出规则：默认规则"对话框

5. 焊盘入口规则设置

单击图 5.35 中"规则"对话框中的"默认"按钮，弹出"默认规则"对话框，单击"焊盘入口"按钮，弹出"焊盘入口规则：默认规则"对话框，如图 5.40 所示。

6. 类规则设置

单击图 5.35 中"规则"对话框中的"类"按钮，弹出"类规则"对话框，如图 5.41 所示。可以针对某个类设置安全间距、布线、高速规则。

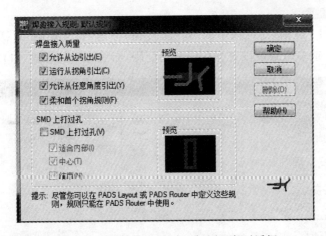

图 5.40　"焊盘接入规则：默认规则"对话框

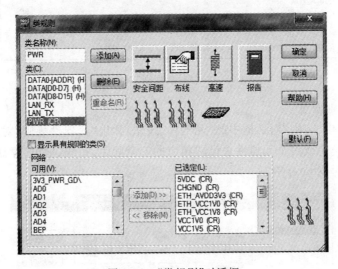

图 5.41　"类规则"对话框

7. 网络规则设置

单击图 5.35 中"规则"对话框中的"网络"按钮,弹出"网络规则"对话框,如图 5.42 所示。可以针对单个或多个网络去设置相应的安全间距、布线、高速规则。

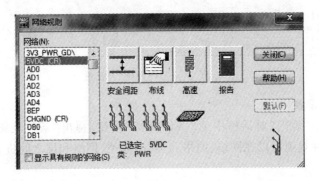

图 5.42　"网络规则"对话框

8. 封装规则设置

单击图 5.35 中"规则"对话框中的"封装"按钮,弹出"封装规则"对话框,如图 5.43 所示。可以针对单个或多个封装设置相应的安全间距、布线、扇出、焊盘入口规则。

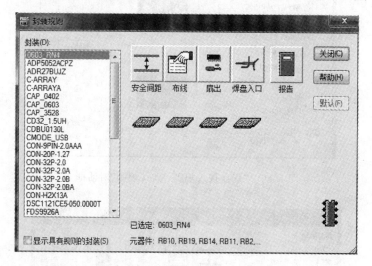

图 5.43　"封装规则"对话框

9. 元器件规则设置

单击图 5.35 中"规则"对话框中的"元器件"按钮,弹出"元器件规则"对话框,如图 5.44 所示。可以针对单个或多个元器件去设置相应的安全间距、布线、扇出、焊盘入口规则,注意元器件规则只针对 Router 有效。

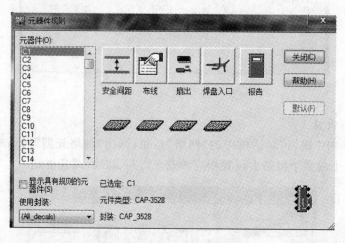

图 5.44　"元器件规则"对话框

10. 条件规则设置

单击图 5.35 中"规则"对话框中的"条件规则"按钮,弹出"条件规则设置"对话框,如图 5.45 所示。条件规则可以在网络、网络和类、类和类、网络和层之间进行层次化的设计规则定义。

图 5.45　"条件规则设置"对话框

11. 差分对设置

单击图 5.35 中"规则"对话框中的"差分对"按钮,弹出"差分对"对话框,如图 5.46 所示。Layout 设置差分对规则与 Router 规则是同步的,但是差分对规则只针对 Router 有效。

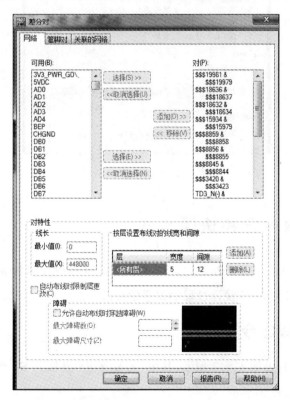

图 5.46　"差分对"对话框

5.9　层定义

打开"设置"菜单,选择"层定义"命令,弹出"层设置"对话框,如图5.47所示。可以设置电气层及非电气层的属性,包括类型、数量、名称、布线方向等。"层设置"对话框中的其他所有选项设置都是针对被选定的图层而言,需要分别定义相应图层的属性。已经有定义的图层被称为电气层,未定义的图层被称为非电气层。平面类型分为三种:无平面、CAM平面、分割/混合平面。布线方向分为三种:水平、垂直、任意。对于选定的图层而言,必须定义其平面类型和布线方向。非电气层可不用设置布线方向。

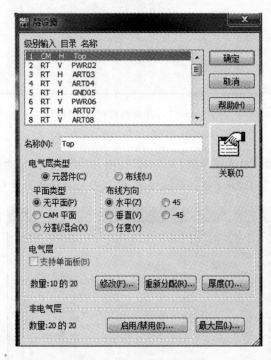

图 5.47　"层设置"对话框

5.10　无模命令和快捷方式

掌握快捷方式和无模命令的运用可以进一步提高 PCB 设计的效率。当然,不需要刻意去记住它们,只需在日常 PCB 设计过程中积累就可以了。

5.10.1　无模命令

无模命令的完整列表如表5.1所示,其中:＜X,Y＞=坐标、＜S＞=文本、＜n＞=数字。

表5.1　无模命令

无模命令	描　述
C	互补视图的格式。输入C,然后按Enter键,显示方式更改为一种互补格式,即显示平面层的焊盘和热焊盘。第二次输入C,然后按Enter以恢复正常的非互补视图
D	切换活动层,以便于在常规选项中设置
DO	打开或关闭钻孔显示。当选定的对象以亮显模式显示时,将自动关闭钻孔显示
E	循环显示走线将以何种方式结束:以没有过孔结束;以过孔结束;以测试点结束。提示:请关注状态栏以知道将选择何种结束模式
I	数据库完整性测试
L < n >	更改当前图层到< n >,< n >可以是数字或者层名称
T	打开或关闭透明图像模式
X	打开或关闭文本的轮廓
W < n >	调整当前线宽
AA	任意角度模式
AD	斜交角度模式
AO	正交角度模式
DRP	防止错误模式
DRW	警告错误模式
DRI	忽略安全间距
DRO	禁用
G < x > {< y >}	同时设置设计栅格和过孔栅格,{< y >}是可选的。例如:G 25、G 8.3、G 16-2/3、G 5 25
GD < x > {< y >}	设置显示栅格,{< y >}是可选的。例如:GD 8-1/3、GD 8.3、GD 25 25、GD 100
GR < xx >	设置设计栅格。例如:GR 8-1/3、GR 25,25、GR 25
GV < xx >	设置过孔栅格。例如:GV 8-1/3、GV 25,25、GV 25
GP	启用或者禁用极坐标栅格。对径向移动使用极坐标网络并创建径向图纸。提示:使用极坐标栅格布线时要求将角度模式设置为任意角度模式
GP r a	移动到指定的极坐标(半径、角度)
GPR r	利用现有的角度,移动到指定的极坐标(半径)
GPA a	利用现有的半径,移动到指定的极坐标(角度)
GPRA da	利用现有的半径所指定的点,移动到当前极坐标的角度
GPRA dr	利用现有的角度所指定的点,移动到当前极坐标的半径
(以下为绘图对象)	
HC	圆形
HH	路径
HP	多边形
HR	矩形
LS	线样式切换
LSS	实线
LSD	短画线
LSO	点

续表

无 模 命 令	描 述
LSA	点画线
LSB	双点画线
N < s >	一个接一个地高亮显示网络,高亮显示的网络将被放置在堆栈的顶层。当重复输入时,高亮显示将增加所选中的网络
N-	一个接一个地取消高亮显示网络,高亮显示的网络将被放置在堆栈的顶层。当重复输入时,取消高亮显示所选中的网络
N	移除所有高亮显示的网络
NN	网络名可见性切换,受制于全局颜色显示设置
NNP	管脚网络名可见性切换,受制于全局颜色显示设置
NNT	导线网络名可见性切换,受制于全局颜色显示设置
NNV	过孔网络名可见性切换,受制于全局颜色显示设置
O < r >	启用或者关闭高/低质量边框图像模式
OH	启用或者关闭高质量边框图像模式
OL	启用或者关闭低质量边框图像模式
OS	启用或者关闭捕获至对象
OSR < n >	设置捕获至对象的半径
OS < n >	捕获至对象类型选择
PO	灌注后的覆铜边框与填充边框之间的切换
PN	打开或者关闭管脚编号显示
Q	动态测量。移动光标至需要测量的起始点,然后输入 Q,移动光标,此时将显示当前光标至测量点之间的测试虚线,同时动态地显示当前光标至测试点之间的相对坐标以及测试虚线长度。它还可在极坐标网格点上精确测量欧几里得距离
QL	快速长度测量。选择相应的对象,例如,管教对、过孔、网络等,输入 QL,将生成一份关于布线长度、未布线长度、总长度的文本报告
R < n >	设置最小显示宽带
RV	建立相似的复用模块
SO < x >{< y >}	使用相对坐标设置原点。如果选定元器件、管脚、拐角、文本、过孔、圆或者交叉点,则设置到已选择对象的位置为原点。如果未选定对象,则必须给出相对的坐标
SOA < x >{< y >}	使用绝对坐标设置原点,绝对坐标必须给出
SPD	显示生成的平面数据
SPI	显示平面层热焊盘指示器
SPO	显示平面层外框
S < s >	搜索并选择元器件或者具体到元器件的某个管脚。例如:S Y1 或者 S Y1.1
S < n >< n >	搜索并选择绝对坐标
SR < n >< n >	相对此时光标或者当前选择对象所在的位置,搜索并将光标移动到相对的坐标
SRX < n >	相对此时光标或者当前选择对象所在的位置,搜索并将光标移动到相对的横坐标
SRY < n >	相对此时光标或者当前选择对象所在的位置,搜索并将光标移动到相对的纵坐标
SS < s >	搜索并选择元器件的参考编号,例如:SS R10。当然,也可以一次搜索并选择多个元器件,如 SS R10 R15 C12 Y13
SS < s >*	可以使用星号 * 搜索并选择一类对象。例如:要搜索并选择以 C 为字母前缀的一类元器件,输入 SS C*,则当前界面将显示所有字母前缀为 C 的元器件并被选中
SX < n >	将光标指示的 X 轴绝对移动到指定的横坐标

续表

无模命令	描　　述
SY＜n＞	将光标指示的Y轴绝对移动到指定的纵坐标
XP	像素选取模式
UM	在设置选项中将设计单位设置为密尔
UMM	在设置选项中将设计单位设置为毫米
UI	在设置选项中将设计单位设置为英寸
Z	快速层视图,不带任何命令参数Z显示初始层视图
Z｛＋＜layer＞｝｛-＜layer＞｝	从当前显示的图层的集合中,删除或者添加层
Z＜n-m＞	查看输入的层的范围。例如：Z 2-4 显示图层 2,3,4
Z＜layer n＞｛＜layer m＞...｝	查看输入的图层
Z＊	查看所有层
Z A	查看活动图层。如果更改了活动图层,它对显示无影响
Z ADB	查看底层装配图
Z ADT	查看顶层装配图
Z B	仅查看底层
Z C＜-C＞	仅查看当前图层。如果更改了活动图层,显示仅为新的当前图层。不同于 Z A。它使在连续模式下的所有图层(除了活动图层)被隐藏。当更改图层时,新图层将变为可见,并隐藏所有其他图层。使用 Z C 退出模式
Z D	查看所有非电气层
Z E	查看所有电气层
Z I	仅查看所有内层
Z O	仅查看所有顶层和底层
Z PMB	查看底层掩膜层
Z PMT	查看顶层掩膜层
Z SMB	查看底层锡膏层
Z SMT	查看顶层锡膏层
Z SSB	查看底层丝印
Z SST	查看顶层丝印
Z T	仅仅查看顶层
Z U	切换显示所有图层上未连接的连线
Z Z	查看所有图层
ZR＜name＞	恢复快速层视图配置
ZS＜name＞	将当前的显示图层保存为快速层视图配置
UN［＜n＞］	撤销多个命令步骤(1-100),＜n＞是可选的
RE［＜n＞］	重画多个命令步骤(1-100),＜n＞是可选的
E	在以过孔模式结束、以无过孔模式结束、以测试点结束等模式之间切换
LD	切换当前布线层的方向：垂直或者水平
PL＜n＞＜n＞	对层设置,其中＜n＞可以是层编号或层名称
SH	打开或者关闭推挤模式
V	过孔模式设置：自动、半导通、导通
VA	过孔模式设置为自动

续表

无 模 命 令	描　　述
VP	过孔模式设置为半导通
VT < name >	过孔模式设置为导通,如果存在多个通孔,可以通过输入名称选择
T	透明图像模式
?	显示无模命令帮助。
BMW	打开介质向导对话框
BMW ON	打开 BWM 会话播放媒体
BMW OFF	停止 BWM 会话播放媒体
BLT	基本日志测试
F < s >	打开文件< s >的路径和要打开的文件的名称

5.10.2　快捷方式

表 5.2 是快捷方式的常用列表。

表 5.2　快捷方式的常用列表

快 捷 方 式	描　　述
< Backspace >	撤销上一个拐角
< Delete >	删除选定的项目
< Enter >	完成操作
< Esc >	取消当前操作
< F1 >	显示初始在线帮助屏幕
< F2 >	开始对选定的连线进行布线
< F3 >	对选定的连线进行动态布线
< F4 >	更改当前层
< F5 >	选择关联的管脚对
< F6 >	选择网络
< F7 >	对连线自动布线
< Home >, Ctrl+B, < Num 7 >	在窗口中使板框居中
< Num 1 >, Ctrl+D, < End >	刷新显示
< Page Down >	在光标处缩小
< Page Up >, < Num 9 >	在光标处放大
< RotateBackward >	工作区视图向下移动
< RotateForward >	工作区视图向上移动
< Space >, LButton+< Click >	在光标处插入拐角
< Space >, LButton+< Click >	尺寸标注选项
< Space >, LButton+< Click >	在光标处添加标记
< Tab >	取消选择当前选定的对象并在相同位置选择一个新对象
Alt+B	切换底面视图
Alt+N	转到下一视图
Alt+P	转到上一视图
Alt+Z	缩放到选定对象
Ctrl+< Enter >	全局设置

续表

快 捷 方 式	描　　　述
Ctrl＋＜RotateBackward＞	在光标处缩小
Ctrl＋＜RotateForward＞	在光标处放大
Ctrl＋A	选择设计中的所有项目
Ctrl＋Alt＋B	对选定的连线进行总线布线
Ctrl＋Alt＋C	设置或禁用项目颜色,保存自定义配置
Ctrl＋Alt＋D	设计选项
Ctrl＋Alt＋E	在窗口中显示所有项目
Ctrl＋Alt＋F	可供选择的筛选条件项目类型
Ctrl＋Alt＋J	添加跳线
Ctrl＋Alt＋M	隐藏菜单栏
Ctrl＋Alt＋N	打开"查看网络"对话框
Ctrl＋Alt＋S	隐藏/显示状态窗口
Ctrl＋C	将选定的对象从图页复制到剪贴板中
Ctrl＋E	移动选定的项目
Ctrl＋F	将元器件/组合移到反面
Ctrl＋G	使用选定的项目创建组合
Ctrl＋H	亮显选定的项目
Ctrl＋I	在原点旋转任意角度
Ctrl＋J	开始对选定的连线进行回路布线
Ctrl＋K	使用选定的项目创建簇
Ctrl＋L	将多个选择与最后选定的项目对齐
Ctrl＋LButton＋＜Click＞	结束当前布线
Ctrl＋M	最小化每个网络的未布线长度
Ctrl＋O	打开设计文件(.pcb,.job)
Ctrl＋Q, Alt＋＜Enter＞	打开选定项目的"特性"对话框
Ctrl＋R	以90°增量旋转选定的项目
Ctrl＋S	使用当前文件名称保存设计
Ctrl＋T	查看/编辑泪滴参数
Ctrl＋U	取消选定项目的亮显
Ctrl＋V	从剪贴板粘贴
Ctrl＋W	启用/禁用缩放模式
Ctrl＋X	将选定的对象从图页剪切到剪贴板中
Ctrl＋Y	撤销上一个撤销命令
Ctrl＋Z	撤销上一命令
LButton＋＜Click＞,＜Space＞	选择尺寸标注点
RButton＋＜Click＞	在光标处缩小
Shift＋＜RotateBackward＞	工作区视图向左移动
Shift＋＜RotateForward＞	工作区视图向右移动
Shift＋LButton＋＜Click＞	在光标处添加过孔
Shift＋LButton＋＜Click＞	完成操作
Shift＋LButton＋＜Click＞	在光标处添加过孔
Shift＋S	拖动选定地添加了斜接拐角

本章小结

本章主要介绍了 PADS Layout 的参数设置,读者应熟悉 PADS Layout 的基本操作环境和参数设置,特别熟悉常用的无模命令,为后续的 PCB 设计做好准备。

第6章
CHAPTER 6

PADS Layout 元件库管理

在 PADS 环境下,一个元件是由 Logic 的 Part 和 Layout 的 Decal 组成。Decal 是 PCB 的物理封装,涉及焊盘(PAD)形状、尺寸、焊盘和焊盘间距、丝印标识等。建立元件的 PCB 封装,需要读者读懂元件数据手册关于元件封装(Package)的尺寸信息。通过具体练习,熟练掌握操作步骤,遇到建立复杂元件 PCB 封装时,能够学会举一反三,快速建立元件封装。

6.1 认识 PCB Decal

一个完整的元件由两部分组成:电路 Logic 符号和 PCB Decal 实际封装。建立元件一般会先建立 PCB Decal,然后再建立 Logic 符号。而 PCB Decal 可以根据元件的 datasheet(数据手册)画出。本章主要讲解如何建立 PCB Decal。

PCB Decal 为元件焊接到电路板时所表示的外观和焊点的位置。与 Logic 符号不同的是,PCB Decal 要求尺寸必须准确,其为元件在电路板中装配的真实体现,创建时需要注意根据 IPC 标准和实际生产需要进行适当的优化,见图 6.1。

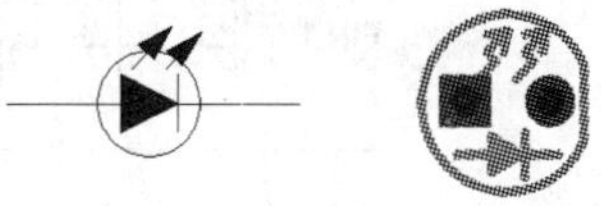

图 6.1 发光二极管的 PCB 封装

零件封装和零件的区别如下:

(1)零件封装是指实际零件焊接到电路板时所指示的外观和焊点位置。

(2)零件封装只是零件的外观和焊点位置,纯粹的零件封装仅仅是空间的概念,因此不同的零件可以共用同一个零件封装;另一方面,同种零件也可以有不同的封装,如 RES2 代

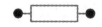

图 6.2 电阻的不同 PCB 封装

表电阻,它的封装形式有很多,如图 6.2 所示。所以在使用焊接零件时,不仅要知道零件名称,还要知道零件的封装。

6.2 创建 PCB Decal

在动手绘制 PCB 文件前,需要先创建合适的 PCB 封装。

1. 使用向导工具创建封装实例

PADS Layout 自带的元件封装向导可以很方便地建立封装。打开"工具"菜单,选择

"PCB 封装编辑器"命令,进入 PCB 封装编辑器,在 PCB 封装编辑器中单击绘图工具栏 ![icon] 中的 ![icon] 图标,如图 6.3 所示,弹出 Decal Wizard 对话框。它提供了"双列""四分之一圆周" "极坐标""BGA/PGA"4 种标准封装形式向导。

图 6.3 封装向导工具图标

2. DIP IC 封装的创建

在 Decal Wizard 对话框,进行 DIP IC 封装的向导创建工作。这里以建立 DIP-8 封装为例。DIP-8 封装尺寸如图 6.4 所示。Decal Wizard 对话框的"双列"选项卡,如图 6.5 所示进行设置。在 Decal Wizard 对话框中,在左下角可以进行设计单位的切换,各项参数可以根据对话框中的中文注释输入和调整。

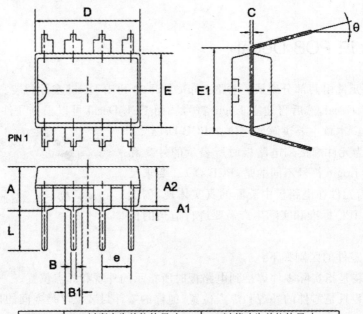

符号	以毫米为单位的尺寸			以英寸为单位的尺寸		
	最小值	平均值	最大值	最小值	平均值	最大值
A	——	——	4.31	——	——	0.170
A1	0.38	——		0.015	——	
A2	3.15	3.40	3.65	0.124	0.134	0.144
B	0.38	0.46	0.51	0.015	0.018	0.020
B1	1.27	1.52	1.77	0.050	0.060	0.070
C	0.20	0.25	0.30	0.008	0.010	0.012
D	8.95	9.20	9.45	0.352	0.362	0.372
E	6.15	6.40	6.65	0.242	0.252	0.262
E1		7.62	——		0.300	——
e	——	2.54	——	——	0.100	——
L	3.00	3.30	3.60	0.118	0.130	0.142
θ	0°		15°	0°	——	15°

图 6.4 DIP-8 封装尺寸

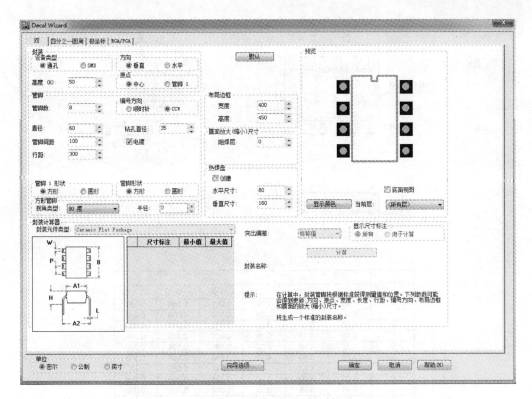

图 6.5　Decal Wizard 对话框

3. SOP IC 封装的创建

以建立 SOP-8 封装为例,SOP-8 封装尺寸如图 6.6 所示。在 Decal Wizard 对话框中的"双列"选项卡按如图 6.7 所示进行设置。其中设备类型需改成 SMD。

在"预览"窗口中可以看到按照如图 6.7 所示参数建立的封装。其中最外面还有一圈"布局边框",如图 6.8 所示。如果用户想删除"布局边框",可以在图 6.7 中单击"向导选项"按钮,在弹出的"封装向导选项"对话框中,取消选中"布局边框"的"创建"复选框,如图 6.9 所示。

4. QFP IC 封装的创建

在 Decal Wizard 对话框中的"四分之一圆周"选项卡下可以建立 QFP 和 DFN 封装。按照如图 6.10 所示进行设置。

特别注意:"管脚 1 位置"要根据 datasheet 封装视图进行设置,可结合预览窗口进行检查。

5. 极坐标封装的创建

按照图 6.11 进行设置即可。

6. BGA IC 封装的创建

BGA 封装创建如图 6.12 所示。

7. 手工创建封装

在建立封装时,有一些特殊元件封装是没有办法利用封装向导工具来完成的。这时就需要用户掌握手工创建封装的方法。本例以建立一个晶振的封装来讲解手工创建封装的具体操作步骤。晶振尺寸如图 6.13 所示。

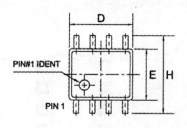
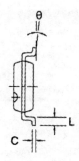
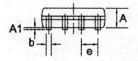

符号	以毫米为单位的尺寸			以英寸为单位的尺寸		
	最小值	平均值	最大值	最小值	平均值	最大值
A	1.30	1.50	1.70	0.051	0.059	0.067
A1	0.06	0.16	0.26	0.002	0.006	0.010
b	0.30	0.40	0.55	0.012	0.016	0.022
C	0.15	0.25	0.35	0.006	0.010	0.014
D	4.72	4.92	5.12	0.186	0.194	0.202
E	3.75	3.95	4.15	0.148	0.156	0.163
e	——	1.27	——	——	0.050	——
H	5.70	6.00	6.30	0.224	0.236	0.248
L	0.45	0.65	0.85	0.018	0.026	0.033
θ	0°	——	8°	0°		8°

图 6.6　SOP-8 封装尺寸

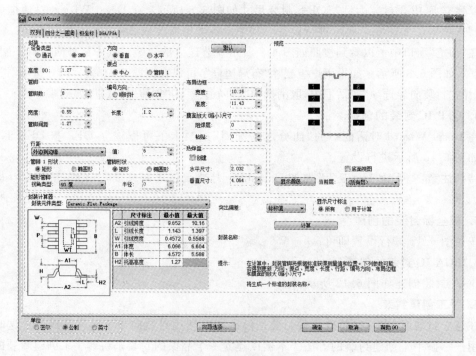

图 6.7　"双列"选项卡

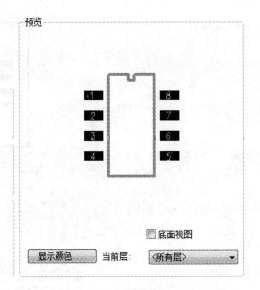

图 6.8　预览窗口

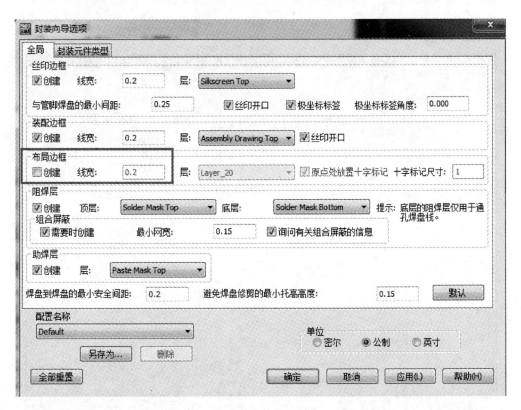

图 6.9　设置"布局边框"

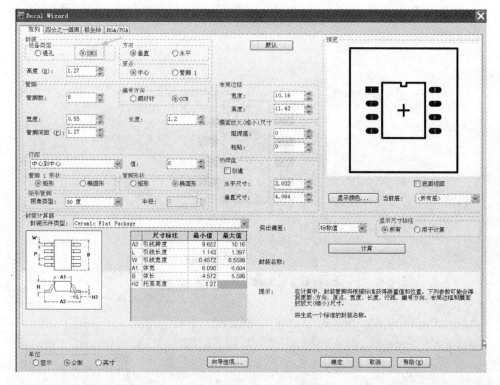

图 6.10　创建 QFP IC 封装

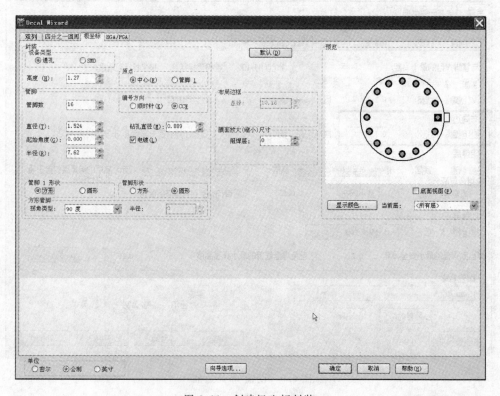

图 6.11　创建极坐标封装

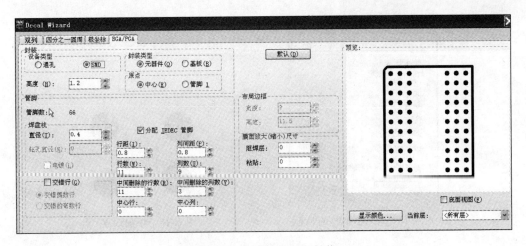

图6.12　创建BGA IC封装

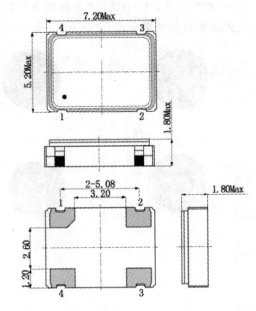

图6.13　晶振尺寸(单位为mm)

(1) 创建PCB封装,首先要添加端点。

端点表示元器件的各个管脚,每个端点加到封装后都有一个编号,也就是封装的管脚号。

① 在工具栏中选择绘图工具栏图标 ,弹出绘图工具栏,如图6.14所示。

图6.14　绘图工具栏

② 在绘图工具栏中单击图标 ,弹出"添加端点"对话框,如图6.15所示。设置管脚编号后(可按默认设置)单击"确定"按钮完成设置。现在软件处于添加端点的状态,鼠标在工作区中每单击一下就可以添加一个端点,如图6.16所示。

图 6.15 "添加端点"对话框

图 6.16 添加端点

（2）修改焊盘尺寸。

① 在 PCB 空白处右击，在弹出的对话框中选择"选择端点"命令，如图 6.17 所示。然后选中 4 个端点后，右击，在弹出的快捷菜单中选择"焊盘栈"命令，如图 6.18 所示。

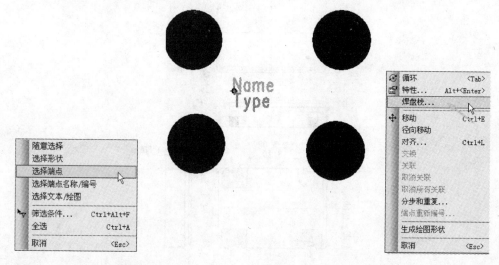

图 6.17 "选择端点"命令

图 6.18 "焊盘栈"命令

② 进入"管脚的焊盘栈特性"对话框，如图 6.19 所示。从图 6.13 中可以估算出焊盘的尺寸为 1.2mm×2mm。在对话框中，设置 1 号端点的焊盘尺寸，如图 6.20 所示。

由于 2～4 号端点的焊盘尺寸和 1 号端点一致。在图 6.20 所示对话框中，选中"分配给所有选定的管脚"复选框后，再单击"应用"按钮。这时，2～4 号端点的焊盘尺寸也修改完毕，如图 6.21 所示。

（3）修改焊盘位置。

① 在 PCB 空白处右击，在弹出的快捷菜单中选择"选择端点"命令，选中 1 号端点后，右击，在弹出的快捷菜单中选择"特性"命令，如图 6.22 所示。在弹出的"端点特性"对话框中，输入 1 号端点的 X 轴和 Y 轴的新坐标值，如图 6.23 所示。

② 同理，修改 2～4 号端点的 X 轴和 Y 轴的坐标。完成后如图 6.24 所示。

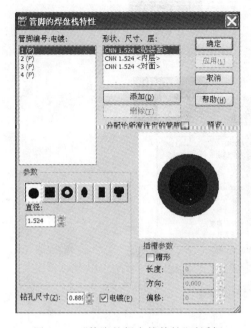

图 6.19 "管脚的焊盘栈特性"对话框

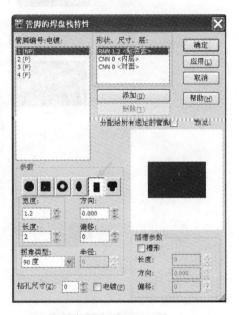

图 6.20 设置 1 号端点的焊盘尺寸

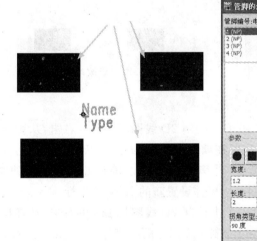

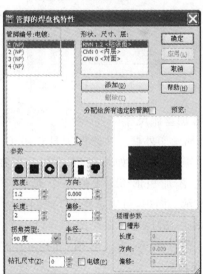

图 6.21 完成焊盘尺寸修改

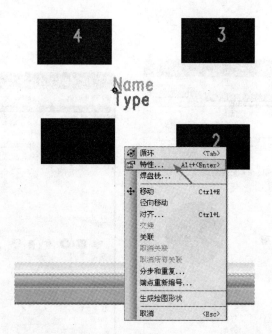

图 6.22 "特性"命令

图 6.23 "端点特性"对话框

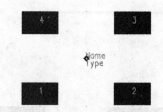

图 6.24 修改端点坐标

(4) 添加丝印尺寸。

① 添加丝印外框。在绘图工具栏中单击绘制 2D 线图标 ▧,再右击,从弹出的快捷菜单中选择"矩形"命令,如图 6.25 所示。现在软件处于添加矩形 2D 线的状态,在工作区中左击就可以添加矩形 2D 线的一个起点,再移动鼠标可以确认矩形 2D 线的结束点,如图 6.26 所示。同理,可以选中 2D 线四个边框并设置新的 X 和 Y 坐标。

② 添加一脚标志。在绘图工具栏中单击绘制 2D 线图标 ▧,再右击,从弹出的快捷菜单中选择"圆形"命令,在 1 号端点的旁边绘制一个圆形的一脚标志,完成后如图 6.27 所示。

(5) 保存封装。

① 打开"文件"菜单,选择"保存封装"命令,或者在 PADS Layout 的工具栏中单击图标 ▧,弹出"将 PCB 封装保存到库中"对话框,在"库"下拉列表中选择要保存的元件库路径。在"PCB 封装名称"文本框中填入要保存的封装名称,如 OSC5X7,如图 6.28 所示。

② 保存封装。单击"确定"按钮即可保存封装。

图 6.25　"矩形"命令

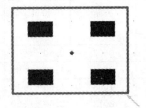

图 6.26　添加矩形 2D 线

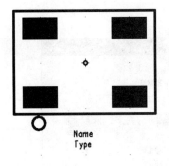

图 6.27　添加一脚标志

图 6.28　保存封装

6.3　一般 PCB 封装的创建

6.3.1　电阻封装的创建

本例以项目中常用的 0805 电阻封装来讲解手工创建封装的具体操作步骤。电阻尺寸如图 6.29 所示。

(1) 创建 PCB 封装,首先要添加端点。

端点表示元件的各个管脚,每个端点加到封装后都有一个编号,也就是封装的管脚号。

① 在工具栏中选择绘图工具栏图标 ,弹出绘图工具栏,如图 6.30 所示。

② 在绘图工具栏中单击图标 ,弹出"添加端点"对话框,如图 6.31 所示。设置管脚编号后(可按默认设置)单击"确定"按钮完成设置。现在软件处于添加端点的状态,鼠标在工作区中每单击一下就可以添加一个端点,如图 6.32 所示。

(2) 修改焊盘尺寸。

① 在 PCB 空白处右击,在弹出的对话框中选择"选择端点"命令,如图 6.33 所示。然后选中 2 个端点后,右击,在弹出的快捷菜单中选择"焊盘栈"命令,如图 6.34 所示。

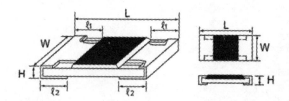

英制 (inch)	公制 (mm)	长(L) (mm)	宽(W) (mm)	高(H) (mm)	l₁ (mm)	l₂ (mm)
0201	0603	0.60±0.05	0.30±0.05	0.23±0.05	0.10±0.05	0.15±0.05
0402	1005	1.00±0.05	0.50±0.10	0.30±0.10	0.20±0.10	0.25±0.10
0603	1608	1.60±0.15	0.80±0.15	0.40±0.10	0.30±0.20	0.30±0.20
0805	2012	2.00±0.20	1.25±0.15	0.50±0.10	0.40±0.20	0.40±0.20
1206	3225	3.20±0.20	1.60±0.15	0.55±0.10	0.50±0.20	0.50±0.20
1210	4832	3.20±0.20	2.50±0.20	0.55±0.10	0.50±0.20	0.50±0.20

图 6.29 贴片电阻尺寸

图 6.30 绘图工具栏

图 6.31 "添加端点"对话框

图 6.32 添加端点

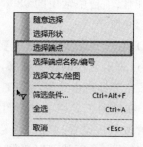

图 6.33 "选择端点"命令

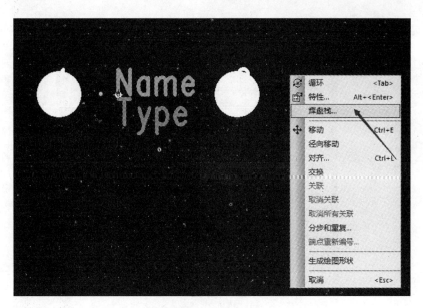

图 6.34 "焊盘栈"命令

② 进入"管脚的焊盘栈特性"对话框,如图 6.35 所示。从图 6.29 中可以估算出焊盘的尺寸为 0.6mm×1.4mm(0805 封装)。在"管脚的焊盘栈特性"对话框中,设置 1 号端点的焊盘尺寸,如图 6.36 所示。

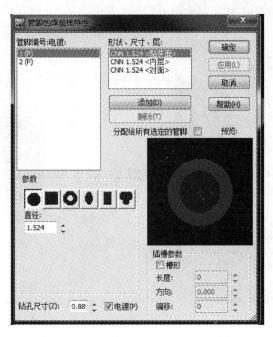

图 6.35 "管脚的焊盘栈特性"对话框

由于 2 号端点的焊盘尺寸和 1 号端点一致。在如图 6.36 所示对话框中,选中"分配给所有选定的管脚"复选框后,再单击"应用"按钮。这时,2 号端点的焊盘尺寸也修改完毕,如图 6.37 所示。

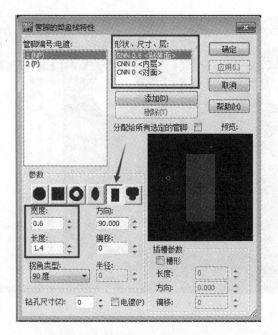

图 6.36　设置 1 号端点的焊盘尺寸

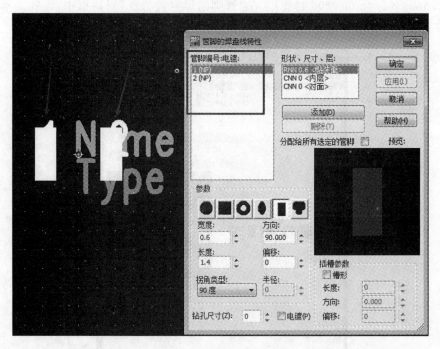

图 6.37　完成焊盘尺寸修改

（3）修改焊盘位置。

① 在 PCB 空白处右击，在弹出的快捷菜单中选择"选择端点"命令，选中 1 号端点后，右击，在弹出的快捷菜单中选择"特性"命令，如图 6.38 所示。在弹出的"端点特性"对话框中，输入 1 号端点的 X 轴和 Y 轴的新坐标值，如图 6.39 所示。

② 同理,修改 2 号端点的 X 轴和 Y 轴的坐标。完成后如图 6.40 所示。

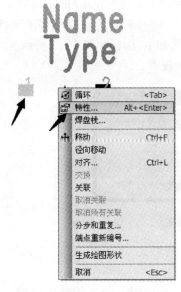

图 6.38   "特性"命令   图 6.39   "端点特性"对话框

(4) 添加丝印尺寸。

添加丝印外框。在绘图工具栏中单击绘制 2D 线图标 ![icon],再右击,从弹出的快捷菜单中选择"矩形"命令(贴片电阻封装的丝印通常画矩形,便于和其他贴片元件区分),如图 6.41 所示。现在软件处于添加矩形 2D 线的状态,在工作区中左击就可以添加矩形 2D 线的一个起点,再移动光标可以确认矩形 2D 线的结束点,如图 6.42 所示。同理,可以选中 2D 线的 4 个边框并设置新的 X 和 Y 坐标。

图 6.40   修改端点坐标   图 6.41   "矩形"命令   图 6.42   添加矩形 2D 线

（5）保存封装。

① 打开"文件"菜单，选择"保存封装"命令，或者在 PADS Layout 的工具栏中单击图标
，弹出"将 PCB 封装保存到库中"对话框，在"库"下拉列表中选择要保存的元件库路径。
在"PCB 封装名称"文本框中填入要保存的封装名称，如 R0805，如图 6.43 所示。

② 保存封装。单击"确定"按钮即可完成封装的保存。

图 6.43　保存封装

6.3.2　电容封装的创建

本例以项目中常用的 0805 电容封装来讲解手工创建封装的具体操作步骤。电容尺寸
如图 6.44 所示。

代码	EIA 代码	尺寸(mm)			
		L	W	T	BW
05	0402	1.00±0.05	0.50±0.05	0.50(±0.05)	0.25±0.10
10	0603	1.60±0.10	0.80±0.10	0.80(±0.10)	0.3±0.2
21	0805	2.00±0.10	1.25±0.10	0.60(±0.10)	0.5+0.2/-0.3
				0.85(±0.10)	
				1.25(±0.10)	

图 6.44　贴片电容尺寸

（1）创建 PCB 封装，首先要添加端点。

端点表示元件的各个管脚，每个端点加到封装后都有一个编号，也就是封装的管脚号。

① 在工具栏中选择绘图工具栏图标，弹出绘图工具栏，如图 6.45 所示。

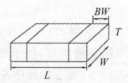

图 6.45　绘图工具栏

② 在绘图工具栏中单击图标，弹出"添加端点"对话框，如图 6.46 所示。设置管脚编
号后（可按默认设置）单击"确定"按钮完成设置。现在软件处于添加端点的状态，鼠标在工
作区中每单击一下就可以添加一个端点，如图 6.47 所示。

图 6.46　"添加端点"对话框

图 6.47　添加端点

（2）修改焊盘尺寸。

① 在 PCB 空白处右击，在弹出的对话框中选择"选择端点"命令，如图 6.48 所示。然后选中 2 个端点后，右击，在弹出的快捷菜单中选择"焊盘栈"命令，如图 6.49 所示。

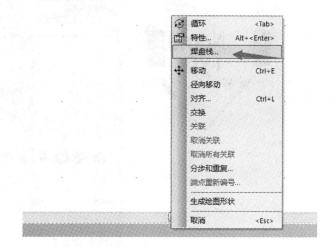

图 6.48　"选择端点"命令

图 6.49　"焊盘栈"命令

② 进入"管脚的焊盘栈特性"界面，如图 6.50 所示。从图 6.44 中可以估算出焊盘的尺寸为 0.7mm×1.35mm（0805 封装）。在对话框中，设置 1 号端点的焊盘尺寸，如图 6.51所示。

由于 2 号端点的焊盘尺寸和 1 号端点一致。在如图 6.51 所示的对话框中，选中"分配给所有选定的管脚"复选框后，再单击"应用"按钮。这时，2 号端点的焊盘尺寸也修改完毕，如图 6.52 所示。

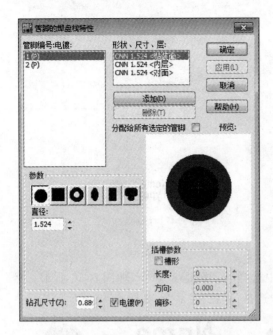

图 6.50　"管脚的焊盘栈特性"对话框

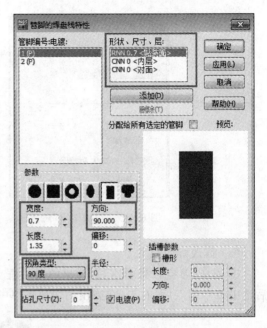

图 6.51　设置 1 号端点的焊盘尺寸

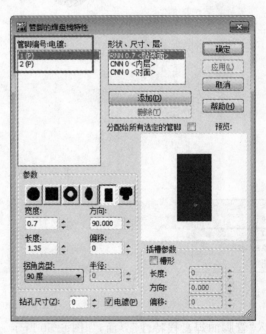

图 6.52　完成焊盘尺寸修改

（3）修改焊盘位置。

① 在 PCB 空白处右击，在弹出的快捷菜单中选择"选择端点"命令，选中 1 号端点后，右击，在弹出的快捷菜单中选择"特性"命令，如图 6.53 所示。在弹出的"端点特性"对话框中，输入 1 号端点的 X 轴和 Y 轴的新坐标值，如图 6.54 所示。

② 同理，修改 2 号端点的 X 轴和 Y 轴的坐标。完成后如图 6.55 所示。

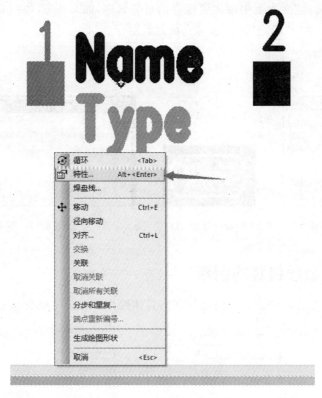

图 6.53　"特性"命令

图 6.54　端点特性

图 6.55　修改端点坐标

（4）添加丝印尺寸。

添加丝印外框。在绘图工具栏中单击绘制 2D 线图标 🔲，再右击，从弹出的快捷菜单中选择"路径"命令（贴片电容封装通常左右两边丝印添加拉弧，便于和其他贴片器件区分），如图 6.56 所示。现在软件处于添加路径 2D 线的状态，在工作区中左击就可以添加路径 2D 线的一个起点，再移动鼠标可以确认路径 2D 线的结束点，如图 6.57 所示。同理，可以选中 2D 线的边框，并设置新的 X 和 Y 坐标。

（5）保存封装。

① 打开"文件"菜单，选择"保存封装"命令，或者在 PADS Layout 的工具栏中单击图标 🔲，弹出"将 PCB 封装保存到库中"对话框，在"库"下拉列表中选择要保存的元件库路

径。在"PCB封装名称"文本框中填入要保存的封装名称，如C0805，如图6.58所示。

② 保存封装。单击"确定"按钮即可完成封装的保存。

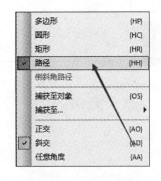

图 6.56 "路径"命令

图 6.57 添加2D线

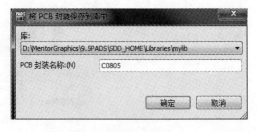

图 6.58 保存封装

6.3.3 三极管封装的创建

本例以三极管封装来讲解手工创建封装的具体操作步骤。三极管尺寸如图6.59所示。

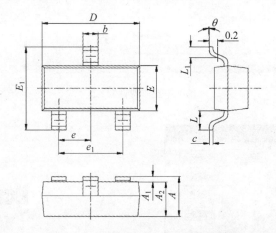

符号	以毫米为单位的尺寸		以英寸为单位的尺寸	
	最小值	最大值	最大值	最小值
A	0.900	1.100	0.035	0.043
A1	0.000	0.100	0.000	0.004
A2	0.900	1.000	0.035	0.039
b	0.300	0.500	0.012	0.020
c	0.080	0.150	0.003	0.006
D	2.800	3.000	0.110	0.118
E	1.200	1.400	0.047	0.055
E1	2.250	2.550	0.089	0.100
e	0.950TPY		0.037TPY	
e1	1.800	2.000	0.071	0.079
L	0.550REF		0.022REF	
L1	0.300	0.500	0.012	0.020
θ	0°	8°	0°	8°

图 6.59 三极管尺寸

（1）创建 PCB 封装，首先要添加端点。

端点表示元件的各个管脚，每个端点加到封装后都有一个编号，也就是封装的管脚号。

① 在工具栏中选择绘图工具栏图标 ▦，弹出绘图工具栏，如图 6.60 所示。

图 6.60　绘图工具栏

② 在绘图工具栏中单击图标 ◙，弹出"添加端点"对话框，如图 6.61 所示。设置管脚编号后（可按默认设置）单击"确定"按钮完成设置。现在软件处于添加端点的状态，在工作区中每单击一下就可以添加一个端点，如图 6.62 所示。

图 6.61　"添加端点"对话框

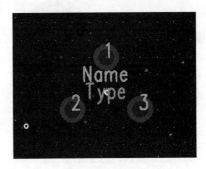

图 6.62　添加端点

（2）修改焊盘尺寸。

① 在 PCB 空白处右击，在弹出的对话框中选择"选择端点"命令，如图 6.63 所示。然后选中 3 个端点后，右击，在弹出的快捷菜单中选择"焊盘栈"命令，如图 6.64 所示。

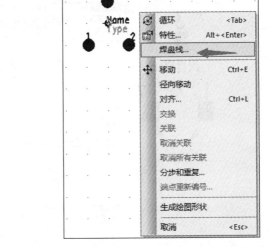

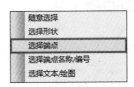

图 6.63　添加端点

图 6.64　"焊盘栈"命令

② 进入"管脚的焊盘栈特性"界面,如图6.65所示。从图6.59中可以估算出焊盘的尺寸为0.8mm×1mm(注:宽b为0.3mm+0.5mm(焊盘补偿),长为(2.55mm-1.4mm)÷2+0.5mm(焊盘补偿)=1.075mm,取其整数为1mm)。在对话框中,设置1号端点的焊盘尺寸,如图6.66所示。

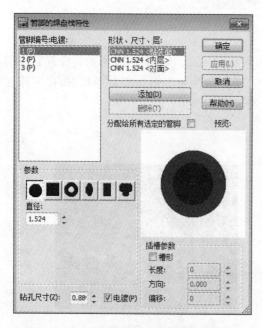
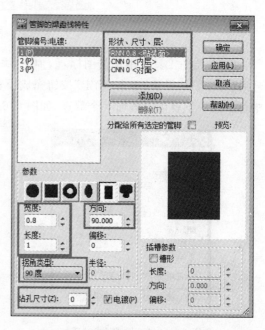

图6.65 "管脚的焊盘栈特性"对话框　　　　图6.66 设置1号端点的焊盘尺寸

由于2、3号端点的焊盘尺寸和1号端点一致。在如图6.66所示对话框中,选中"分配给所有选定的管脚"复选框后,再单击"应用"按钮。这时,2、3号端点的焊盘尺寸也修改完毕,如图6.67所示。

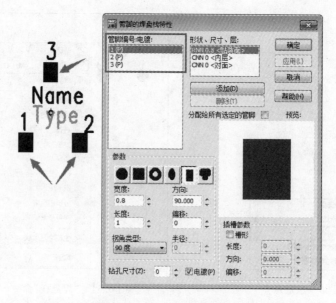

图6.67 完成焊盘尺寸修改

（3）修改焊盘位置。

① 在 PCB 空白处右击,在弹出的快捷菜单中选择"选择端点"命令,选中 1 号端点后,右击,在弹出的快捷菜单中选择"特性"命令,如图 6.68 所示。在弹出的"端点特性"对话框中,输入 1 号端点的 X 轴和 Y 轴的新坐标值,X 轴坐标值为 e,即 0.95mm,Y 轴坐标值为 $E \div 2 +$ 焊盘长度的一半,即为 0.7mm＋0.5mm＝1.2mm,如图 6.69 所示。

② 同理,修改 2、3 号端点的 X 轴和 Y 轴的坐标。完成后如图 6.70 所示。

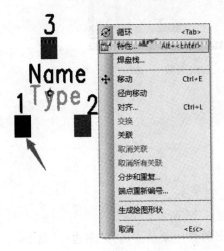

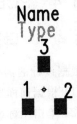

图 6.68 "特性"命令   图 6.69 端点特性   图 6.70 修改端点坐标

（4）添加丝印尺寸。

① 添加丝印外框。在绘图工具栏中单击绘制 2D 线图标 ,再右击,从弹出的快捷菜单中选择"路径"命令,如图 6.71 所示。现在软件处于添加路径 2D 线的状态,在工作区中左击就可以添加路径 2D 线的一个起点,再移动光标可以确认路径 2D 线的结束点,如图 6.72 所示。同理,可以选中 2D 线的边框并设置新的 X 和 Y 坐标。

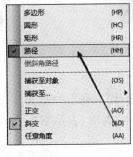

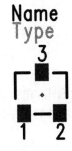

图 6.71 "路径"命令   图 6.72 添加 2D 线

② 添加一脚标志。在绘图工具栏中单击绘制 2D 线图标 ,再右击,从弹出的快捷菜单中选择"圆形"命令,在 1 号端点的旁边绘制一个圆形的一脚标志,完成后如图 6.73 所示。

（5）保存封装。

① 打开"文件"菜单,选择"保存封装"命令,或者在 PADS Layout 的工具栏中单击图标 ,弹出"将 PCB 封装保存到库中"对话框,在"库"下拉列表中选择要保存的元件库路径。

在"PCB封装名称"文本框中填入要保存的封装名称,如 SOT_23,如图 6.74 所示。

② 保存封装。单击"确定"按钮即可完成封装的保存。

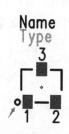

图 6.73　添加一脚标志

图 6.74　保存封装

6.4　PCB 封装的编辑

6.4.1　异形封装的创建

根据设计的需要,偶尔会用到一些异形焊盘,如图 6.75 所示。

(1) 根据前面所述的方法建立焊盘和丝印尺寸,如图 6.76 所示。

(2) 单击图标 ▦ ,进入绘制铜箔模式,并右击,在弹出的快捷菜单中选择"多边形"命令,左击确定多边形铜箔的第一个起点,在需要拐角的地方单击左键确认,直至绘制出需要的铜箔外形,如图 6.77 所示。

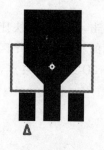

图 6.75　异形焊盘

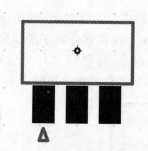

图 6.76　建立焊盘和丝印尺寸

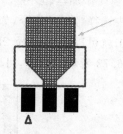

图 6.77　绘制铜箔

(3) 选中焊盘并右击,在弹出的快捷菜单中选择"关联"命令,再单击刚刚绘制的铜箔外形,这时焊盘和铜箔外形都处于高亮状态,代表关联成功,表示它们已经组合成为一个异形焊盘了。

6.4.2　槽形钻孔焊盘的创建

这里以 HDMI 插座的封装为例,介绍如何建立一个槽形钻孔的焊盘。槽形钻孔焊盘如图 6.78 所示。

(1) 在 PCB 封装编辑器中,选中 4 个定位孔的端点并右击,在弹出的快捷菜单中选择"特性"命令,弹出"管脚的焊盘栈特性"对话框,在"参数"栏中选择焊盘外形为椭圆形,并设置宽度和长度分别为 1.5 和 2.7(需注意在"形状、尺寸、层"栏中也同理设置内层和对面层的参数）。在"插槽参数"栏中选中"槽形"复选框,并在"长度"和"方向"文本框中输入槽形钻孔的尺寸,如图6.79所示。

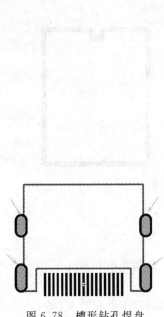

图6.78　槽形钻孔焊盘

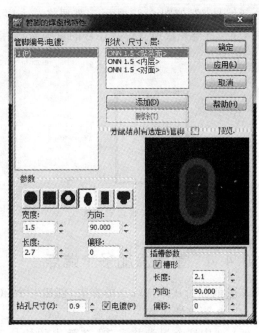

图6.79　焊盘参数设置

（2）在"管脚的焊盘栈特性"对话框中选中"分配给所有选定的管脚"复选框后,单击"应用"按钮,即可将第一个焊盘的特性参数应用到其余焊盘中。

6.4.3　管脚重新编号

在放置焊盘时,被放置好的焊盘序号往往都是按顺序排下去的,但用户有时希望更改某些元器件端点的管脚号。如图6.80所示,希望将5～8的管脚序号进行调换。

（1）选中需要重新编号的端点焊盘8,再右击,在弹出的快捷菜单中选择"端点重新编号"命令,如图6.81所示,弹出"重新编号管脚"对话框,如图6.82所示。

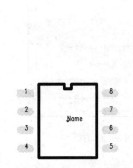

图6.80　原始管脚编号

图6.81　"端点重新编号"命令

图6.82　"重新编号管脚"对话框

（2）在"后缀"文本框中输入重新编号的起始序号，例如输入序号5，单击"确定"按钮，这时被选中的焊盘将被改成了新的序号，同时光标上出现一段提示文字："正在重新编号，下一个新编号6"，如图6.83所示。需要将这个序号分配给哪个焊盘就用鼠标单击哪个焊盘，依此类推，直至完成所有焊盘序号的重编号，如图6.84所示。

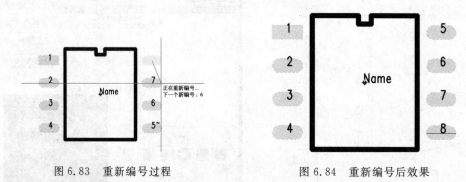

图6.83　重新编号过程　　　　　　　　　　图6.84　重新编号后效果

6.4.4　重复添加多个端点

采用前面所述添加端点的方法，创建一个20脚JTAG插座的封装。

（1）在原点处放置一个焊盘。

（2）选中这个焊盘并右击，在弹出的快捷菜单中选择"分步和重复"命令，如图6.85所示。

（3）在弹出的"分步和重复"对话框中，将"方向"选为"上"；将"数量"选为"1"；将"距离"选为"100"，即可往焊盘的上方放置一个序号为2的焊盘，如图6.86所示。

图6.85　"分步和重复"命令　　　　　　　图6.86　"分步和重复"对话框

（4）选中序号1和2的焊盘后，重复第（3）步的操作。在弹出的"分步和重复"对话框中，"方向"选右；"数量"选9；"距离"选100，即可往焊盘的右方放置另外9个的焊盘，如

图 6.87 所示。

图 6.87　添加多个焊盘

（5）单击绘制 2D 线图标 ▦，进入绘制 2D 线模式。右击，在弹出的快捷菜单中选择"多边形"命令，并将设计和显示栅格都设置为 50（输入 g 50 并按 Enter 键，输入 gd 50 并按 Enter 键）。完成后如图 6.88 所示。

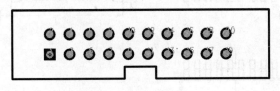

图 6.88　绘制好的多边形

6.4.5　快速、准确地创建 PCB 封装

PCB 设计师在工作中经常需要创建 PCB 封装。如果能够掌握一些创建 PCB 封装的捷径，就可以减少建库的时间，提高工作效率。根据编者的设计经验，只要能够快速找到建立封装必需的 4 个参数，而无须通过烦琐的计算，即可快速准确地完成 PCB 封装的创建工作。

这 4 个必需的参数为：

➤ 焊盘尺寸；

➤ 焊盘之间的间距；

➤ 跨距；

➤ 本体丝印尺寸。

下面以双列芯片 TSSOP20 为例，如图 6.89 所示，介绍如何快速准确创建 PCB 封装。

从图中可以快速得到以下参数。

➤ 焊盘尺寸（bp）：0.19～0.3mm（取 0.3）；

➤ 焊盘间距（e）：0.65mm；

➤ 跨距（HE）：6.2～6.6mm（取 6.2）；

➤ 本体丝印：长为 6.6mm，宽为 4.5mm 可以画在焊盘内侧。

进入 PCB 封装编辑器，利用封装向导，输入相关参数，如图 6.90 所示。完成后如图 6.91 所示。

在不到一分钟的时间里，用户即可创建上面的封装，主要是因为减少了很多计算的环节。如果不按笔者的思路，其工作量主要集中在跨距和焊盘尺寸的确定，因为需要花时间去计算。笔者的捷径在于：

（1）取跨距为本体外框的最小值（最大值也可以）。

（2）对于焊盘尺寸，按照实际生产经验，SMD 焊盘可适当加大 0.2～0.5mm，DIP 焊盘可适当加大 0.5～1mm。按照这种思路，用户可以去尝试创建其他类型的 PCB 封装。

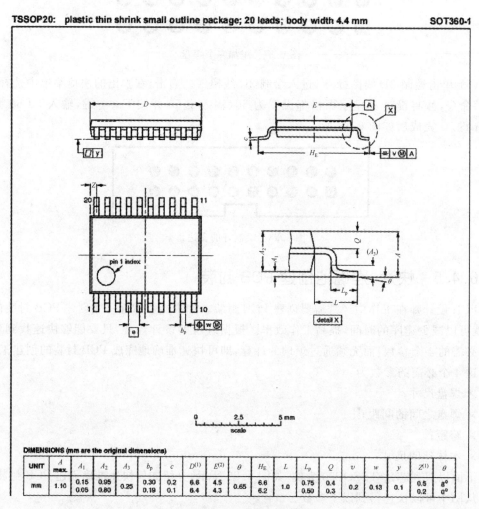

图 6.89　双列芯片 TSSOP20 封装

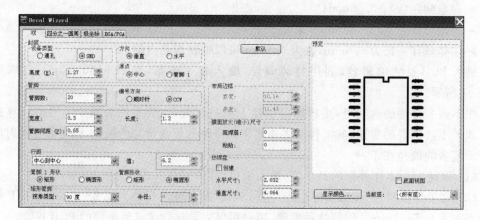

图 6.90　封装向导参数设置

6.4.6　创建 PCB 封装的注意事项

用户在创建 PCB 封装时,需要注意以下一些事项。

(1) 设置非金属化孔时,需取消选中"电镀"复选框,如图 6.92 所示。

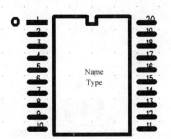

图 6.91　完成后的 PCB 封装

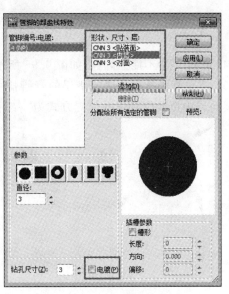

图 6.92　取消选中"电镀"复选框

(2) 应在非金属化孔的"所有层"添加"禁止区域"信息,如图 6.93 所示。

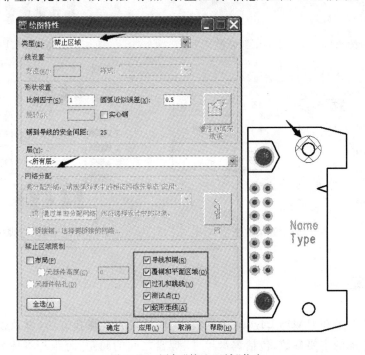

图 6.93　添加"禁止区域"信息

（3）SMD 器件封装的原点应设置在器件中心，如图 6.94 所示。

图 6.94　SMD 器件封装的原点应设置在器件中心

（4）丝印尽量不能上焊盘，如图 6.95 所示。

（5）注意管脚排列顺序。错误的管脚排列如图 6.96 所示。解决方法如图 6.97 所示，在封装向导中更改管脚 1 的放置方式为"右"和"CCW"（逆时针），见图 6.97 和图 6.98。

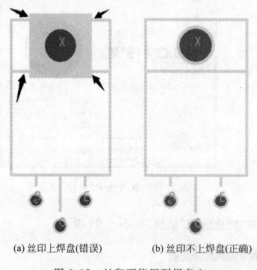

(a) 丝印上焊盘(错误)　　(b) 丝印不上焊盘(正确)

图 6.95　丝印不能压到焊盘上

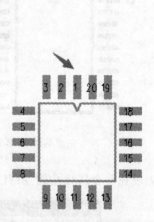

图 6.96　错误的管脚排列

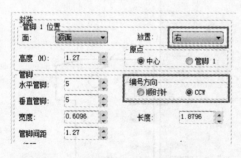

图 6.97　解决方法

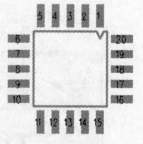

图 6.98　正确的管脚排列

本章小结

本章主要介绍了在 PADS Layout 中建立 PCB 封装的步骤和方法，以及使用封装向导建立封装时要考虑的主要参数，包括焊盘尺寸、焊盘之间的间距、跨距和本体丝印尺寸。同时分享了快速建立 PCB 封装的经验。

第 7 章　电源转换电路 PCB 设计

CHAPTER 7

　　所有电子产品,都需要有电源供电,电源的重要性毋庸置疑。在电源的 PCB 设计中,需要考虑很多事项,电源、地线考虑不周到会引起干扰,使电源性能下降。在电源电路设计时,可以根据采用的电源控制芯片的数据手册提供的应用电路进行设计,一些芯片的数据手册会提供 PCB 布局参考,这些对于设计非常有帮助。

7.1　MP1470 电源模块 PCB 设计

7.1.1　电路原理图设计

　　MP1470 是一款高频率、同步整流、降压型开关模式转换器,内置功率 MOSFET。它提供了一个非常紧凑的解决方案,实现 2A 的连续输出电流在宽输入电压范围,具有优异的负载和线路调整。

　　MP1470 具有良好的特性,其各项性能及主要参数如下:

➢ 电流输出:2A;

➢ 电压输入(VIN):4.7～16V;

➢ 电压输出(VOUT):(0.8～0.9)VIN;

➢ 高转换效率:最佳状况可达 92%;

➢ 固定 500kHz 转换频率;

➢ 具有过流保护及热关断功能;

➢ 内部软启动;

➢ 工作温度:−40～125℃。

MP1470 典型应用电路如图 7.1 所示。

参考 MP1470 典型应用电路,绘制电源转换电路原理图,如图 7.2 所示。

7.1.2　MP1470 电路 PCB 的设计

图 7.3 所示为 MP1470 推荐 PCB 设计。

PCB 设计要点如下:

➢ 输入 VIN、输出 VOUT 的主回路明晰,并留出覆铜和打过孔的位置;

➢ 对芯片的模拟地处理要特别注意,最好根据 Datasheet 上推荐的处理方法。

下面进行 MP1470 电源转换电路 PCB 的设计,其步骤如下。

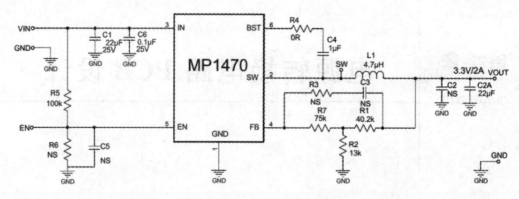

图 7.1　MP1470 典型应用电路

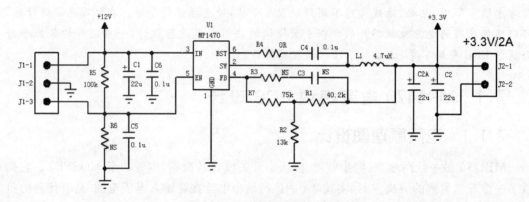

图 7.2　MP1470 电路模块原理图

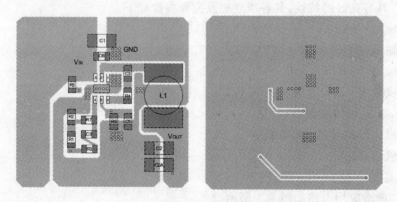

图 7.3　MP1470 推荐 PCB 设计

　　① 打开 PADS Layout 软件，点击"文件"菜单，选择"新建"命令，新建一个空白的 PCB 文件。

　　② 制作板框。单击绘图工具栏的"板框和挖空区域"图标 ，右击，在弹出的快捷菜单中，选择"矩形"命令，绘制 50.0mm×50.0mm 的板框。可以运用无模命令，如图 7.4 所示。

　　③ 导入网络表。打开 MP1470 原理图，选择"工具"菜单，选择"PADS Layout 链接"命令。检查 PADS Layout 链接框中文档的 PCB 文件是否相对应，ECO 名称选择对比名称，首选项设置如图 7.5 所示。

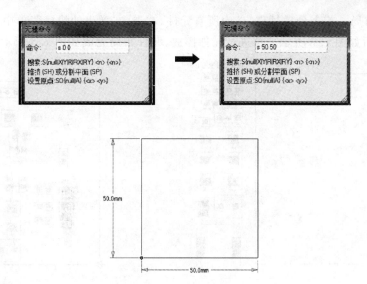

图 7.4　绘制板框

图 7.5　ECO 名称和首选项设置

　　在设计选项中单击"同步 ECO 至 PCB(T)"按钮,导入网表后,器件显示在 PCB 文件的原点上,如图 7.6 所示。

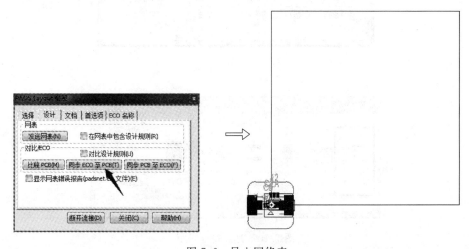

图 7.6　导入网络表

④ 元件布局。首先分散器件,选中所有元件,右击,在弹出的快捷菜单中选择"分散"命令,元件分散后如图 7.7 所示。再进行元件摆放,元件布局完成如图 7.8 所示。

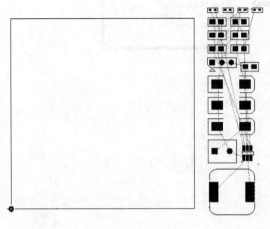

图 7.7　分散元件

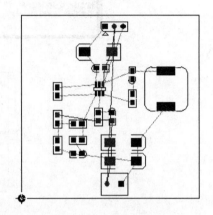

图 7.8　元件布局

⑤ 布线。首先添加布线规则,打开"设置"菜单,选择"设计规则"命令,设置如图 7.9～图 7.11 所示。然后进行布线,如图 7.12 和图 7.13 所示。

⑥ PCB 进一步编辑和完善。

MP1470 的输入和输出电源承载 2A 电流,在设计时需要注意加大走线的载流能力。PADS 提供了绘制铜箔命令来解决这一问题。

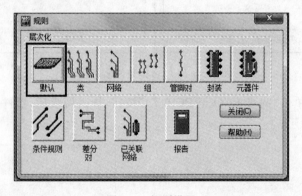

图 7.9　规则设置

图 7.10　打开安全间距

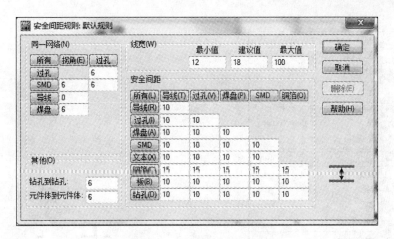

图 7.11　设置线宽、线距规则

同一网络(N)		
所有	拐角(E)	过孔
过孔		6
SMD	6	6
导线	0	
焊盘	6	

线宽(W)

	最小值	建议值	最大值
	12	18	100

安全间距

	所有(L)	导线(T)	过孔(V)	焊盘(P)	SMD	铜箔(O)
导线(R)	10					
过孔(I)	10	10				
焊盘(A)	10	10	10			
SMD	10	10	10	10		
文本(X)	10	10	10	10		
铜箔(N)	15	15	15	15	15	
板(B)	10	10	10	10		
钻孔(D)	10	10	10	10	10	

其他(O)

钻孔到钻孔　6

元件体到元件体　6

确定　取消　删除(E)　帮助(H)

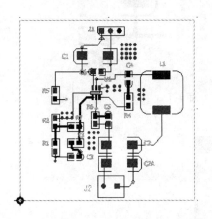

图 7.12　顶层布线图

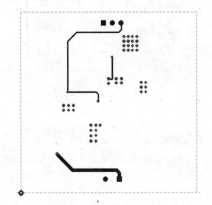

图 7.13　底层布线图

单击绘图工具栏的"绘制铜箔"图标▣,进入绘制铜箔的操作界面,再右击,在弹出的快捷菜单中勾选"多边形"命令,如图 7.14 所示,表示即将绘制一个多边形的铜箔。在 J1 的 1 脚焊盘边缘左击后,往左移动,以确定铜箔的绘制起点,再沿着栅格一直往左移动,在需要拐弯的地方可以左击进行确认,沿着导线与电源芯片 3 脚焊盘互连的导线画出一个多边形,如图 7.15 所示。在快接近铜箔的绘制起点时双击即可完成铜箔的闭合。随后弹出"添加绘图"对话框,需要为刚才绘制好的多边形铜箔分配网络。如图 7.16 所示,单击"通过单击分配网络"按钮,然后用光标去选取需要该网络相关的元素,如焊盘,或者在下拉项选择网络也可成功为铜箔分配相应的网络。

有时候第一次绘制出来的铜箔可能形状不美观,这时就需要修改铜箔形状。在 PCB 空白处右击,在弹出的快捷菜单中执行"随意选择"命令。然后选择铜箔的其中一边后,右击,在弹出的快捷菜单中可以通过其中的命令来修改铜箔:移动、分割、添加拐角,移动一个角度等,如图 7.17 所示。

完成后的 PCB 如图 7.18 和图 7.19 所示。

⑦ 后期设计优化工作。设计完成后,需要做一些后期优化工作,如丝印调整、尺寸标注和开短路设计验证。

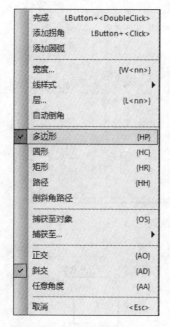

图 7.14　勾选"多边形"命令

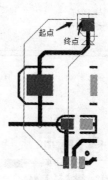

图 7.15　绘制一个多边形铜箔

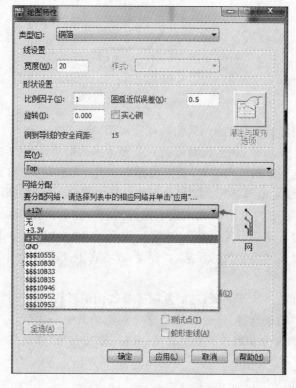

图 7.16　为铜箔分配网络

图 7.17　修改铜箔命令

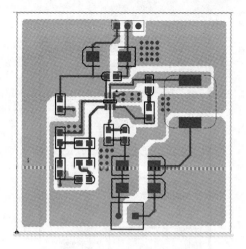

图 7.18　Top 层

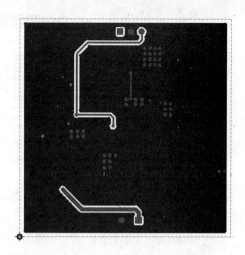

图 7.19　Bottom 层

丝印调整有以下 4 步。

① 进入显示颜色设置界面,将 Top 层的"导线""过孔""铜箔"选项颜色关闭,勾选"参考编号"选项颜色,如图 7.20 所示。

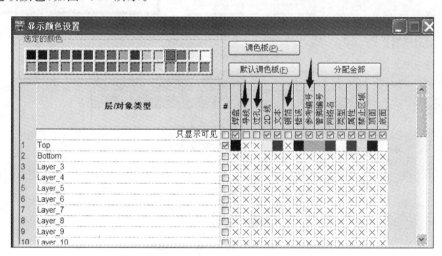

图 7.20　Top 层显示颜色设置

② 在 PCB 空白处右击,在弹出的快捷菜单中执行"筛选条件"命令。如图 7.21 所示。随后进入"选择筛选条件"对话框,选中"标签"复选框,其余选项不选中,如图 7.22 所示。

③ 框选整板,或按快捷键 Ctrl＋A,将整板元件的参考编号全选。再右击,在弹出的快捷菜单中执行"特性"命令。进入"元件标签特性"对话框,如图 7.23 所示,进行相应的设置。

④ 单击"确定"按钮后,返回 PCB 界面。然后单击"设计工具栏"的"移动参考编号"图标,如图 7.24 所示。选择相应的元件编号进行移动并放置。完成后的效果如图 7.25 所示。

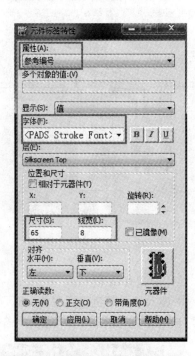

图 7.21 "筛选条件"命令　　图 7.22 选中"标签"复选框　　图 7.23 "元件标签特性"对话框

图 7.24 "移动参考编号"图标

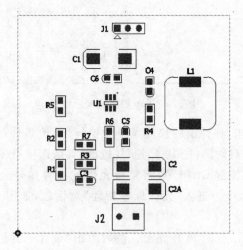

图 7.25 完成移动参考编号的 PCB

尺寸标注的步骤如下：单击"尺寸标注工具栏"的"水平标注"图标和"垂直标注"图标，如图 7.26 所示；然后在 PCB 空白处右击，在弹出的快捷菜单中选择"捕获至拐角"和"使用中心线"命令,如图 7.27 所示。然后选择相应的板框拐角进行标注。完成后的效果如图 7.28 所示。

图 7.26　水平标注和垂直标注图标

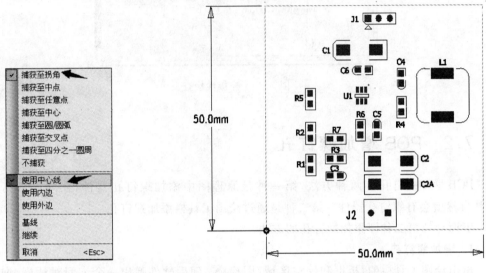

图 7.27　选择"捕获至拐角"和
　　　　"使用中心线"命令

图 7.28　标注后的效果

验证设计的步骤如下:打开"工具"菜单,选择"验证设计"命令,然后进行"安全间距"和"连接性"的验证。验证设计的结果如图 7.29 和图 7.30 所示。

图 7.29　安全间距检查

图 7.30　连接性检查

7.2　PCB 增加螺钉孔

PCB增加螺钉孔有两种方法,第一种是原理图中添加螺钉孔器件,在导入网络表时PCB自然就会有螺钉孔器件。第二种是通过绘图工具栏添加螺钉孔。

下面介绍第二种即添加螺钉孔的方法。

1. 增加螺钉孔

单击绘图工具栏的"**板框和挖空区域**"图标█,随后软件弹出一个询问对话框,询问用户当前板框,是否要创建板挖空区域,如图7.31所示。

单击"确定"按钮,进入创建板挖空区域命令。再右击,在弹出的快捷菜单中选择"圆形"命令,如图7.32所示。表示将绘制一个圆形的板挖空区域。在PCB的四个角落处左击,以确定圆形板挖空区域的圆心后,再往外拉出,即可完成一个圆形的板挖空区域。

图 7.31　创建板挖空区域询问对话框

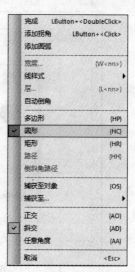

图 7.32　选择"圆形"命令

2. 修改螺钉孔

在 PCB 空白处右击,在弹出的快捷菜单中执行"选择板框"命令。然后选中某个需要修改的坐标或直径的螺钉孔后,右击,执行"特性"命令,如图 7.33 所示。进入"绘图边缘特性"窗口,在这个窗口中可以修改圆形的板挖空区域的半径和 X 轴、Y 轴的坐标值,如图 7.34 所示。

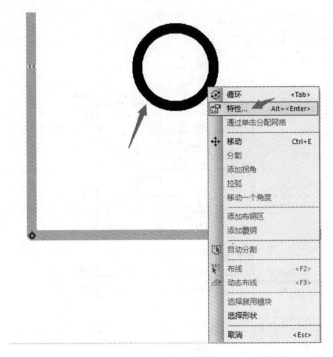

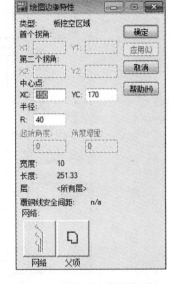

图 7.33 "特性"命令   图 7.34 "绘图边缘特性"窗口

7.3 ADP5052 电源模块 PCB 设计

7.3.1 ADP5052 简介

ADP5052 在一个 48 管脚 LFCSP 封装中集成了 4 个高性能降压调节器和 1 个 200mA 低压差(LDO)调节器。可直接连接 15 V 的输入电压,无须使用前置调节器。

ADP5052 具有良好的特性,其各项性能及主要参数如下:

➢ 宽输入电压:4.5~15V;

➢ 输出精度:±1.5%(整个温度范围内);

➢ 可调开关频率:250kHz~1.4MHz;

➢ 8A 单通道输出(通道 1 和通道 2 并联工作);

➢ 精密使能,0.8V 精确阈值;

➢ 有源输出放电开关;

➢ FPWM 或自动 PWM/PSM 模式选择;

➢ 频率同步输入或输出;

> 针对 OVP/OCP 故障提供可选的闩锁保护；
> 所选通道的电源良好指示；
> UVLO、OCP 和 TSD 保护；
> 48 管脚 7mm×7mm LFCSP 封装。

ADP5052 典型应用电路如图 7.35 所示，ADP5052 推荐 PCB 设计如图 7.36 所示。

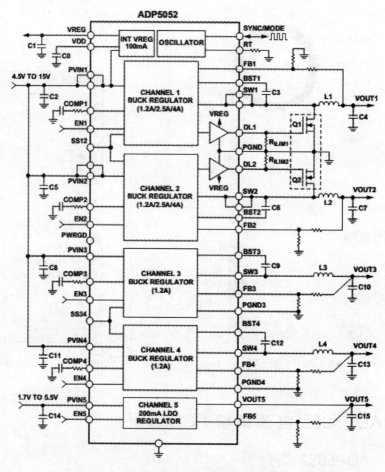

图 7.35　ADP5052 典型应用电路

7.3.2　设计前准备

参照图 7.35 典型应用电路，绘制原理图，如图 7.37 所示。

把 Logic 的网表发送到 Layout 中，右击，在弹出的快捷菜单中选择"选择元器件"命令。框选所有元件，右击，在弹出的快捷菜单选择"分散"命令，完成后如图 7.38 所示。

然后绘制 30mm×30mm 的 PCB 板框，完成后如图 7.39 所示。

打开"设置"菜单，选择"设计规则"命令，弹出"规则"对话框，如图 7.40 所示。选择"默认"菜单，选择"安全间距"命令，弹出"安全间距规则：默认规则"对话框，推荐设置如图 7.41 所示。

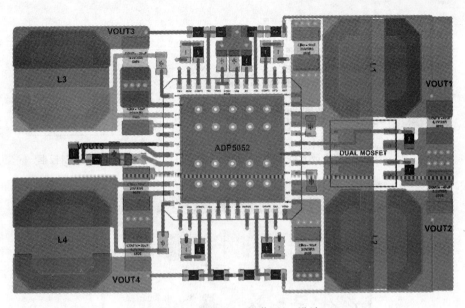

图 7.36　ADP5052 推荐 PCB 设计

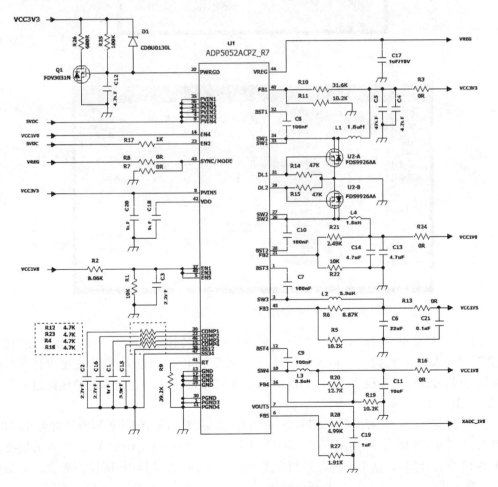

图 7.37　ADP5052 电路原理图

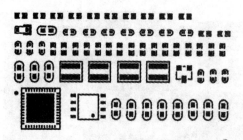

图 7.38 打散元件

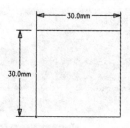

图 7.39 绘制板框

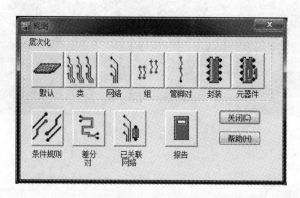

图 7.40 "规则"对话框

图 7.41 "安全间距规则：默认规则"对话框

打开"设置"菜单，选择"焊盘栈"命令，弹出"焊盘栈特性"对话框。"焊盘栈类型"选择"过孔"，需要添加两种过孔，一种用于信号，另一种用于电源。注意：应当先把设计单位改为密尔，把信号线的过孔设为 12/20(12mil 的钻孔尺寸，20mil 的直径)，电源线的过孔设为 14/28，如图 7.42 所示。

打开"设置"菜单，选择"层定义"命令，弹出"层设置"对话框，把该板层叠设置为 6 层板，如图 7.43 所示，分别为 Top-ART02-GND03-PWR04-ART05-Bottom(关于 PCB 的层叠设计在第 13 章会介绍)。这个电源芯片用于 FPGA 与 DDR 的设计中，所以一般会用 6 层以上的层叠方式。

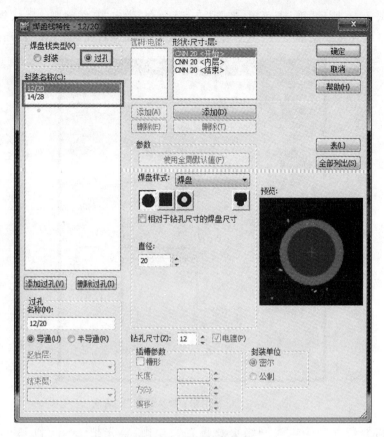

图 7.42 设置过孔种类

图 7.43 "层设置"对话框

打开如图 7.40 所示"默认"菜单,选择"布线"命令,弹出"布线规则:默认规则"对话框。设置过孔和可允许走线层面参数,把所有过孔和层都添加到右面,如图 7.44 所示。

图 7.44　"布线规则:默认规则"对话框

接下来需要建立一个电源网络类及设置类规则,首先把 Logic 和 Layout 交互。在 Logic 中选中所有的电源网络,则在 Layout 也会选中对应的网络。返回 Layout 界面,右击,在弹出的快捷菜单中选择"建立类"命令,如图 7.45 所示。弹出"将网络添加到类中"对话框,把网络类命名为 PWR,如图 7.46 所示。

单击图 7.40 中的"类"图标,弹出"类规则"对话框,可以看到刚刚所创建 PWR 网络类,如图 7.47 所示。

图 7.45　"建立类"命令

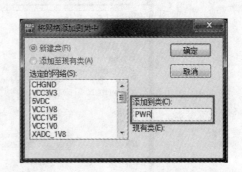

图 7.46　"将网络添加到类中"对话框

单击"安全间距"和"布线"图标可以为该网络类设置规则,安全间距规则设置如图 7.48 所示,布线规则只需把所有的层和过孔添加到已选定一栏即可。

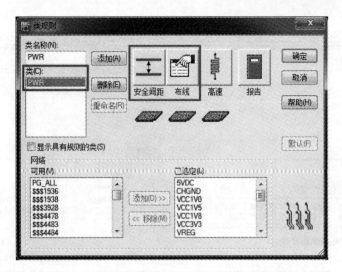

图 7.47 "类规则"对话框

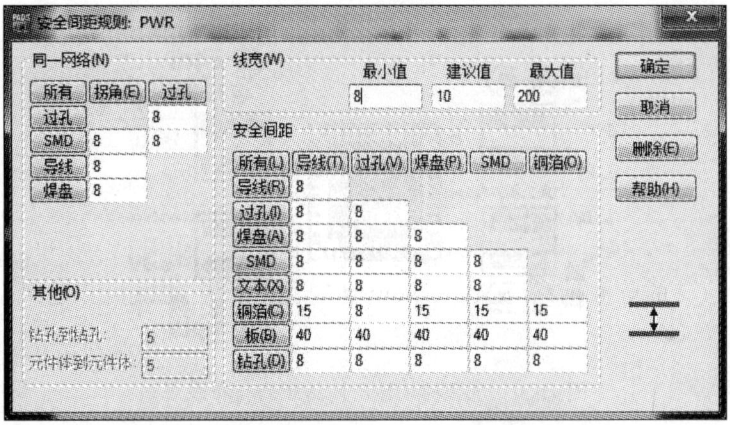

图 7.48 设置 PWR 网络类安全间距规则

返回 Layout 主界面,按快捷键 Ctrl＋Alt＋N,弹出"查看网络"对话框,单击"选择依据",选择 PWR。为 PWR 网络类包含的每一个网络分配一种颜色,如图 7.49 所示。

7.3.3 布局

完成上述设置后,开始进行元件布局。电源模块的布局优先摆放和主回路相关的元件(电源输入、输出相关的元件,如输入电容、主芯片、输出电容等)。该电源模块为 DC5V 输入,共有 5 路电源输出,由于主芯片以及输出电感的封装较大,优先摆放主芯片以及和电源输出的相关元件。先把主芯片摆放在板子的中心位置,主芯片位置和方向确定后,输出回路的位置也大概确定,可以开启飞线指引布局,电源模块输出回路布局和布线规划如图 7.50 所示。

需要注意:相邻两个电感禁止相互平行摆放,如图 7.51 所示,由于高频电流使两个电感引起串扰,影响 EMI 性能。

接着摆放输入电容以及 MOS 管,由于顶层已经用作输出通道,所以输入电容只能放在

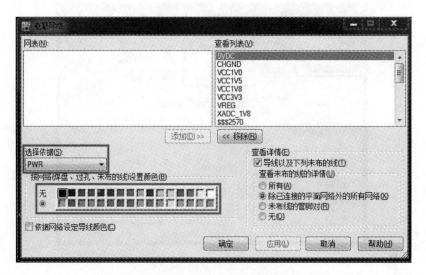

图 7.49　为 PWR 网络类分配颜色

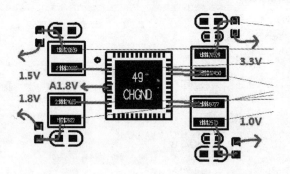

图 7.50　电源模块输出回路布局与布线规划

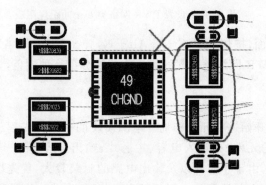

图 7.51　相邻两个电感禁止相互平行摆放

底层且靠近电源输入管脚摆放。MOS 管根据图 7.36 推荐布局摆放,这时可以调整各路输出的布局,使它们尽量对称,完成后如图 7.52 所示。

　　把主回路摆好后,开始摆放控制回路的元件。由于剩下来的都是小封装的元件,开启飞线,靠近电源芯片整齐摆放即可,同样也可以参考图 7.36 来摆放元件。

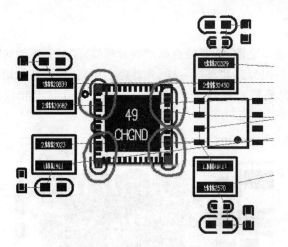

图 7.52 主回路元件布局

整板布局如图 7.53 所示,注意元件在布局时不能压到电源芯片的 1 号脚标识。

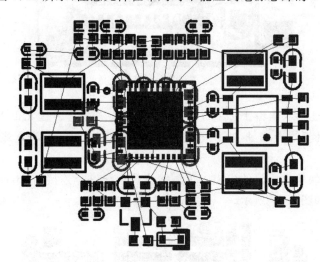

图 7.53 电源模块布局示意图

整板的顶层布局示意图和底层布局示意图如图 7.54 和图 7.55 所示。

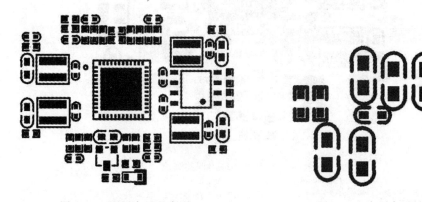

图 7.54 顶层布局示意图　　　　　　　图 7.55 底层布局示意图

7.3.4　布线

在做电源模块的扇出之前,需要检查布局的合理性,尤其是电源的输入和输出通道不能被堵住。电源模块的扇出思路和布局一样,先处理主回路,再处理控制回路。由于该板没有电源输入的端子,先把底层电源输入的滤波电容添加过孔接上顶层的电源输入管脚,如图7.56所示。

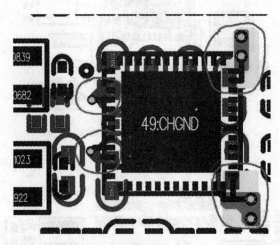

图 7.56　电源模块输入回路扇出

注意:添加的过孔不能挡住电源的输出通道。左边两个电源过孔由于空间限制使用小过孔,中间和两边的通道要留出来走线和添加过孔。芯片电源管脚走线宽度要和焊盘一样宽。

下面做电源模块输出回路的扇出。用铜箔代替走线进行连接,输出回路的走线或铜箔尽可能粗,完成后如图7.57所示。

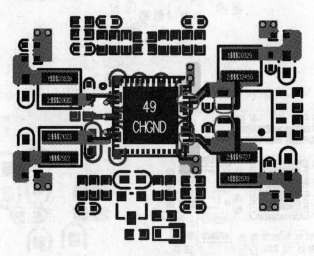

图 7.57　电源模块输出回路扇出

注意: 图中圈住的芯片管脚网络名相同,但两个管脚要先把线引出再接到一起,不能直接连接,这样在焊接时不易造成管脚连锡,如图7.58所示。

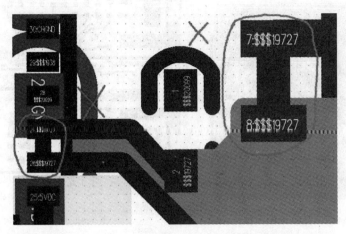

图7.58 相邻两个相同网络管脚不能直接相连

接下来,完成控制回路的走线。由于这块板是6层板,拥有一个电源平面和一个地平面,某些难走的信号线可以走到内层,同时地网络过孔靠近其焊盘添加即可。首先给电源芯片的散热焊盘添加散热过孔,如图7.59所示。

然后开始连接剩余的走线,电源模块扇出如图7.60所示。

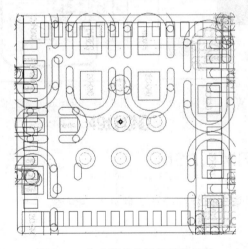

图7.59 为电源芯片添加散热过孔

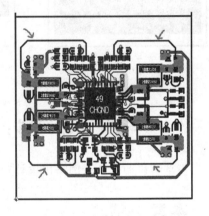

图7.60 电源模块扇出示意图

注意: 采样电阻应单独引一根线接到输出电容。图7.60中高亮并用箭头标记的走线便是反馈线,反馈线的线宽应加粗到7mil。

最后,在电源平面和地平面画上灌铜。运行"验证设计"检查整板安全间距以及连接性,整板设计如图7.61所示。

该板只用4个层便完成设计,各层走线如图7.62~图7.65所示。

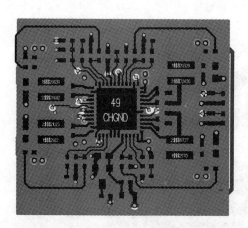

图 7.61　电源模块整板设计示意图

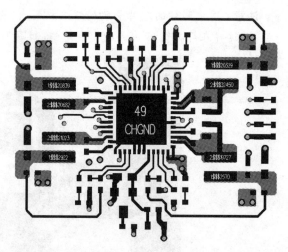

图 7.62　Top 层示意图

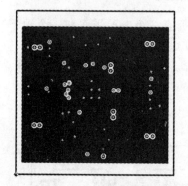

图 7.63　GND 层示意图

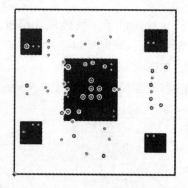

图 7.64　PWR 层示意图

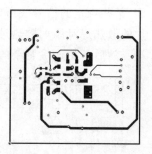

图 7.65　Bottom 层示意图

7.4　输出设计资料：CAM、SMT、ASM

本章所讲的 2 个案例输出设计资料，在第 9 章中有详细描述。此处不再赘述。

本章小结

本章以两个电源芯片 PCB 设计为例，向读者介绍了电源模块 PCB 设计方法。其中 ADP5052 电源模块重点介绍了线路布局。线路布局是极其重要的一环，好的线路布局可以解决许多电源供应的问题，不好的线路布局则会产生各种各样的问题。当输入输出电压出现较大差异时，问题会更加明显。

电源模块 PCB 设计要考虑 4 个电流回路：电源开关交流回路、输出整流交流回路、输入信号源电源回路和输出负载电流回路。有些模块只有后两个回路。在后续的章节，还将介绍电源模块设计的实例。

第 8 章

CHAPTER 8

PADS Router 布线操作

PADS Router 是快速交互式手动布线器，可以对任意规模的复杂 PCB 使用交互式布线功能，支持总线布线、自动连接、布线路径规划、布线形状优化、动态布线/过孔推挤、自动居中、自动调整线宽等功能。在复杂 PCB 设计中，熟练使用 PADS Router 进行布线，可以快速完成布线设计。

8.1 PADS Router 功能简介

PADS Router 具有"快速交互布线编辑器"(Fast Interactive Route Editor，FIRE)的功能。它使用了功能强大的 PADS AutoRouter (BlazeRouter)算法，可以实现推挤功能、平滑布线、自动变线宽、焊盘入口质量和 Plowing 分等级的布线规则设置等等。最重要的是 Router 在交互式布线的网络长度约束和差分线对的等长布线中提供了独特的帮助功能，同时可以使用长度监视器显示当前的布线长度，或者可以通过布折叠线（蛇行线）来达到用户所期望的走线长度值。PADS Router 可以帮助用户极大地提高工作效率，节省布线时间，在今天要求越来越高的高密度高速电路板设计中，它的交互式布线环境保持着领先的地位。在实际项目设计中，将 Layout 和 Router 交互使用能有效帮助提高设计效率。

8.2 Layout 与 Router 的连接

由 Layout 切换到 Router 有以下 3 种方式：

(1) 打开 PADS Router 软件，在 Router 中直接打开 PCB 文件（打开"文件"菜单，选择"打开"命令），然后在 Router 中设定布线环境参数和布线策略。

(2) 从 Layout 端连接 Router。首先从 Layout 中打开 PCB 文件，打开"工具"菜单，选择"PADS Router"命令，在弹出的窗口中，按图 8.1 所示进行设置。单击"继续"按钮，PCB 文件的全部数据就已经传送到 Router 中了。

(3) 在 Layout 中直接打开 PCB 文件，按如图 8.2 所示单击标准工具栏中的 PADS Router 图标便可切换到 Router 的操作界面。

特别注意：当用户想在 Layout 与 Router 之间相互切换布线时，可以开启 Layout 和 Router 同步。在 Layout 中打开"工具"菜单，选择"选项"命令，在窗口中的"全局"标签页中找到"同步"，选中"启用"复选框，如图 8.3 所示，即可实现在两个软件之间进行 PCB 设计。

图 8.1 PADS Router Link 窗口

图 8.2 PADS Router 连接图标

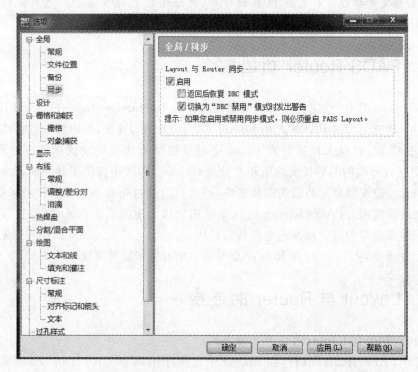

图 8.3 开启 Layout 和 Router 同步

8.3 PADS Router 的操作界面

PADS Router 的用户界面由菜单栏、工作界面、一般工具栏、状态栏、项目浏览器、电子表格、导航窗口组成,如图 8.4 所示。

其中,项目浏览器、电子表格、导航窗口以及输出窗口可有选择地关闭。执行菜单栏的"查看"命令,如图 8.5 所示。在其中的"快捷方式"对话框中可以查看 Router 软件所有自带的快捷键命令,如图 8.6 所示。

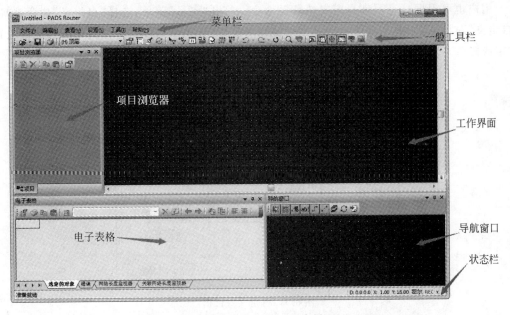

图 8.4 PADS Router 用户界面

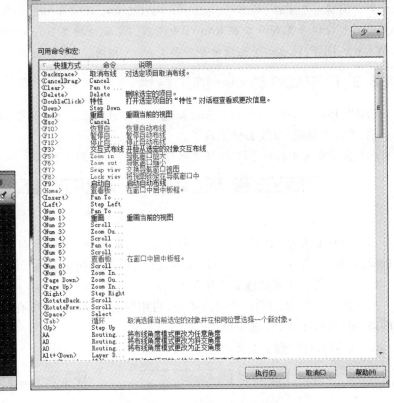

图 8.5 "查看"菜单命令　　　　图 8.6 "快捷方式"对话框

用户也可根据自身习惯自定义快捷键命令。打开"工具"菜单,选择"自定义"命令,弹出"自定义"对话框,如图8.7所示。其中,"键盘和鼠标"选项卡可以对软件自带的快捷键进行指定或修改;"宏定义"选项卡支持调用和设置录制多动作的宏命令进行快捷键指定。

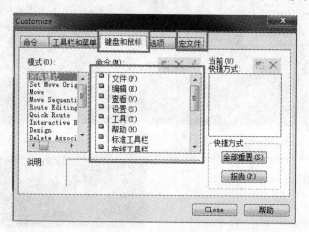

图 8.7 自定义对话框

特别注意:Router 的快捷方式和 Layout 的快捷方式有很多很类似,但也有一些不一样。例如 Layout 中 Z<n>、L<n>、G<n>、GD<n>等无模命令,在 Router 中输入必须要在命令中间留一个空格,如 Z<n>、L<n>、G<n>、GD<n>,它们所实现的功能相同。像 Layout 中 C、SO 等无模命令在 Router 中没有。像删除键在 Router 中改为使用 Backspace。像 W<n>、DRP、UMM 等无模命令则和 Layout 相同。

8.3.1 PADS Router 的工具栏

PADS Router 的工具栏包括选择筛选工具栏、DRC 筛选工具栏、布局工具栏、设计验证工具栏、布线工具栏、布线编辑工具栏。

(1)选择筛选工具栏▨:点开选择筛选工具栏,见图8.8。

图 8.8 选择筛选工具栏

从左到右依次为:任意、全不选、全选、元器件、管脚、虚拟管脚、网络、管脚对、导线、未布的线、过孔、铜箔、覆铜、禁止区域、文本、错误、线段和拐角、路径、循环、层过滤器。

(2)DRC 筛选工具栏▨:点开 DRC 筛选工具栏,见图8.9。

从左到右依次为:DRC 开启或关闭、启用所有 DRC、禁用所有 DRC、安全间距、线宽、同网络、布局、长度、DRC 选项设置。

(3)布局工具栏▨:点开布局工具栏,见图8.10。

图 8.9 DRC 筛选工具栏   图 8.10 布局工具栏

从左到右依次为:选择模式、移动、旋转 90°、无角度旋转、翻面。

（4）设计验证工具栏：点开设计验证工具栏，见图8.11。

从左到右依次为：设计验证方案框、设计验证、清除错

误、显示忽略的错误。

图8.11　设计验证工具栏

（5）布线工具栏：点开布线工具栏，见图8.12。

从左到右依次为：启动自动布线、恢复自动布线、暂停自动布线、停止自动布线、选择模式、布线、扇出、优化、调整、居中。

（6）布线编辑工具栏 ：打开布线编辑栏，见图8.13。

图8.12　布线工具栏　　　　　　　　图8.13　布线编辑栏

从左到右依次为：选择模式、交互式布线、快速布线、移动、拉伸、添加拐角、分割、平滑、保护、解除保护、添加测试点、取消布线、重新规划拓扑。

8.3.2　PADS Router 鼠标指令

PADS Router 提供了灵活方便的鼠标指令，通过鼠标就可以进行相应的操作，从而提高工作效率，如图8.14所示。

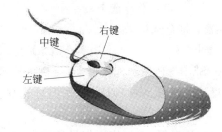

中键：
- 单击：偏移画面
- 按住中键拖曳：放大、缩小
- **Ctrl+滚轮**：放大、缩小
- 滑动滚轮：画面上下移动
- **Shift+滚轮**：画面左右移动

右键：
- 右击空白处：右键菜单
- 选择：对象右键菜单

左键：
- 单击：选取
- **Ctrl+单击**：加选/取消加选
- 双击：进入对象的属性
- 按住左键拖曳：框选

图8.14　PADS Router 鼠标指令

特别注意：Router 并不能使用 Layout 中的 Ctrl＋Alt＋F 组合快捷键快速打开选择筛选工具栏，只能在界面上面的选择筛选工具栏单击所需选择的对象。这一点没有 Layout 方便。

8.4　PADS Router 环境参数

PADS Router 常用设计参数设置包括全局、颜色、显示、布局、布线、测试点、制造、设计验证。打开"工具"菜单，选择"选项"命令，如图8.15所示。

1. "全局/常规"标签页

"全局/常规"标签页推荐设置如图8.16所示。

➢ 区分受保护的导线和过孔：推荐选中；

图8.15　"选项"菜单命令

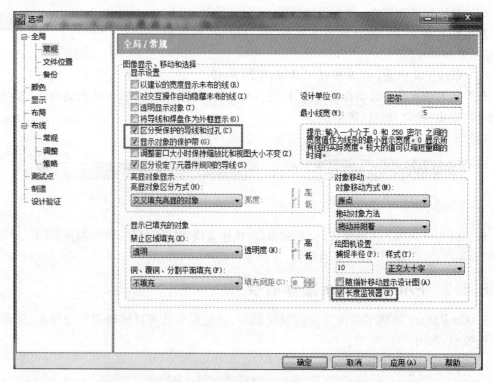

图 8.16 "全局/常规"标签页推荐设置

➤ 显示对象的保护带：推荐选中；

➤ 长度监视器：推荐选中。

特别注意：选中"区分受保护的导线和过孔"复选框后，被保护的导线和过孔将会变成透明显示，快捷键 Shift＋P 保护选择对象，按快捷键 Shift＋U 取消保护。

在做 BGA 设计的时候，布线前习惯先把过孔保护起来，为了不让走线把孔的位置推偏了。

在做 DDR 设计的时候，会把绕过等长的线保护起来，这样就可以区分出哪些走线是已经绕过等长的。

选中"显示对象的保护带"复选框，能够直观显示走线与附近障碍物之间的安全间距，这个功能非常实用。

选中"长度监视器"复选框，布线时在光标附近会显示已布线长度以及估计值。

2. "全局/文件位置"标签页

"全局/文件位置"标签页推荐设置如图 8.17 所示。

➤ 策略：将位置改到 ＊：\PADS\9.5PADS\SDD_HOME\Settings(＊为软件安装目标盘符)。选中此复选框后，Router 才可以进行 Fanout(扇出)、自动布线等操作。

➤ 方案：将位置改到 ＊：\PADS\9.5PADS\SDD_HOME\Settings。

3. "全局/备份"标签页

"全局/备份"标签页推荐设置如图 8.18 所示。

➤ 间隔：备份的间隔时间推荐设置 5～10 分钟。

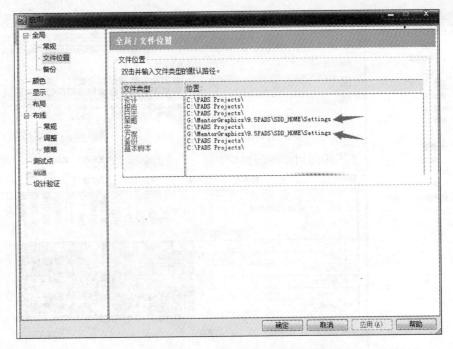

图 8.17 "全局/文件位置"标签页推荐设置

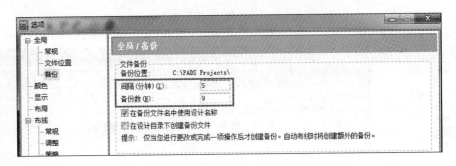

图 8.18 "全局/备份"标签页推荐设置

➢ 备份数: 推荐设置为 9, 即可以在备份位置中备份 9 个文件。

4. "颜色"标签页

"颜色"标签页推荐设置如图 8.19 所示。

➢ 颜色设置与 Layout 中的设置一样。也可以将颜色方案进行保存, 方便下次设计时进行调用。Router 的颜色设置与 Layout 是同步的。

➢ 保护带: 此处 Router 默认设置的颜色为黑色, 推荐改成白色, 布线过程中可以更为清晰地看到障碍物的保护带。

5. "显示"标签页

"显示"标签页推荐设置如图 8.20 所示。

6. "布局"标签页

"布局"标签页推荐设置如图 8.21 所示。

➢ 优化网络拓扑: 推荐设置为"移动后"或"无移动"。

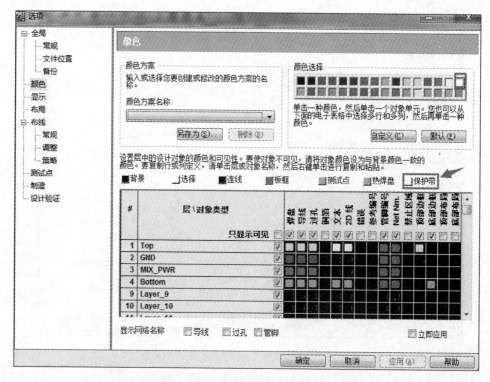

图 8.19 "颜色"标签页推荐设置

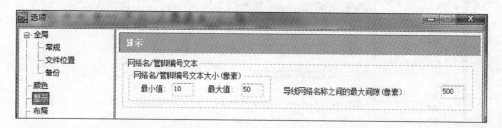

图 8.20 "显示"标签页推荐设置

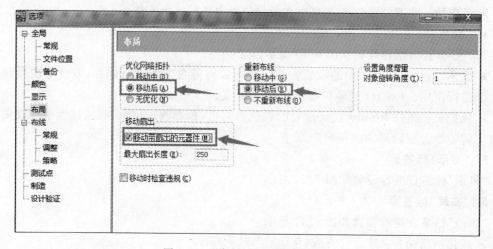

图 8.21 "布局"标签页推荐设置

> 重新布线：推荐设置为"移动后"。

7. "布线"标签页

"布线/常规"标签页推荐设置如图 8.22 所示。

图 8.22 "布线/常规"标签页推荐设置

> 动态布线：推荐选中。
> 重新布线时允许回路：运用这个功能能够有效地解决 PCB 过孔密集处电源瓶颈的问题，如图 8.23 所示，图中运用回路布线的方法增加两个过孔之间连接的铜皮，有效解决了两个过孔之间电源存在的问题。在 BGA 设计中会经常使用这个功能。
> 允许导线颈缩：此项在进行 BGA 处布线时可以开启，即走线智能地根据布线通道自动缩小线宽。
> 拉线器：软件智能推挤功能，可根据需要进行开启。此功能必须先通过依次选择"编辑""特性""布线"，选中"需要时推挤导线以完成连线"。
> 层对：布线层对，也可利用无模命令 PL 来设置。例如，设计六层板时，想设置第一层和第三层的设计层对，即从第一层打孔，软

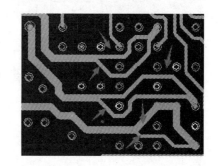

图 8.23 "重新布线时允许回路"应用场合

件自动切换到第三层。可以在布线的过程中输入"PL 1 3"，并按下 Enter 键来实现。

"布线/调整"标签页推荐设置如图 8.24 所示。

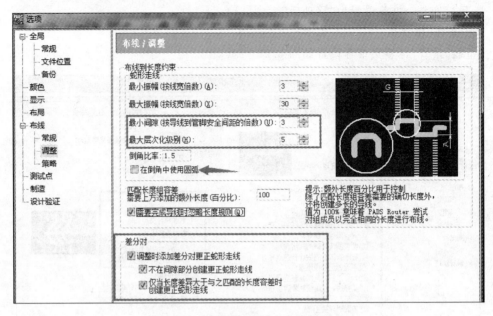

图 8.24 "布线/调整"标签页推荐设置

➢ 最小间隙：推荐设置为 3，即 3 倍线宽，可以根据布线的空间调整为 2.5～3。

➢ 在倒角中使用圆弧：即俗称的圆弧蛇形线，如果信号线频率低于 6.125GHz，不推荐选中。

➢ 调整时添加差分对更正蛇形走线：此处设置自动布线时有效。

"布线/策略"标签页推荐设置如图 8.25 所示。

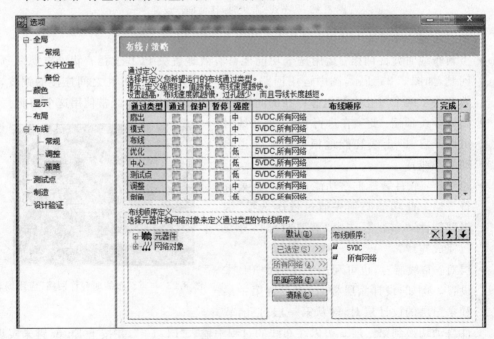

图 8.25 "布线/策略"标签页推荐设置

8. "测试点"标签页

"测试点"标签页推荐设置如图 8.26 所示。

图 8.26　"测试点"标签页推荐设置

9. "制造"标签页

"制造"标签页推荐设置如图 8.27 所示。

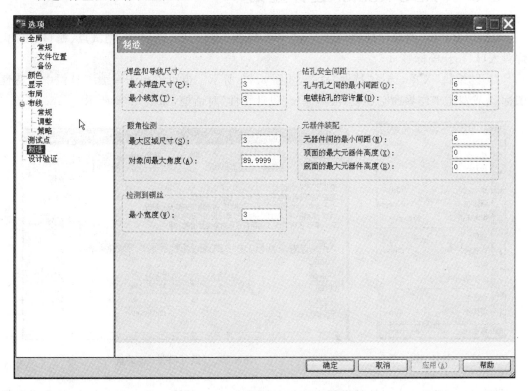

图 8.27　"制造"标签页推荐设置

10. "设计验证"标签页

"设计验证"标签页推荐设置如图8.28所示。

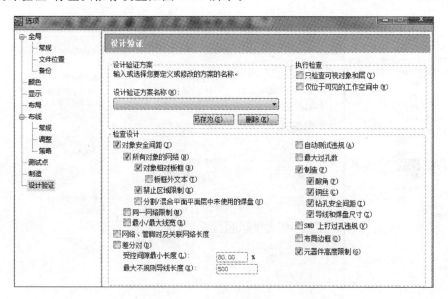

图8.28 "设计验证"标签页推荐设置

8.5 PADS Router 设计规则

PADS Router 的设计规则包括安全间距、布线、过孔、层、同网络、测试点、栅格、扇出、焊盘入口、拓扑等标签页。

打开"编辑"菜单,选择"特性"命令,如图8.29所示。也可以单击一般工具栏中的特性图标  或双击工作界面空白处,随后弹出"设计特性"对话框,如图8.30所示。

图8.29 "特性"菜单命令

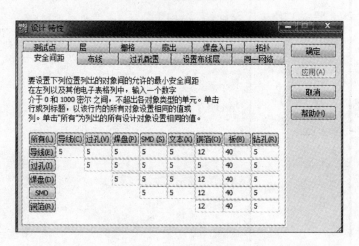

图8.30 "设计特性"对话框

"设计特性"中各个标签的设置方法与 PADS Layout 相同。可以在 Layout 中先设置好相关设计规则参数后,再连接 Router 进行设计。

当在进行多片 DDR2 或者 DDR3 设计时,需提前指定网络拓扑类型。其中,"网络拓扑类型"中有 5 种类型:受保护、最小化、串行、平行、中间向外。具体形式如图 8.31 所示。

特别注意:如果要禁用"T"形接点,请取消选中"导线"复选框,如图 8.32 所示。

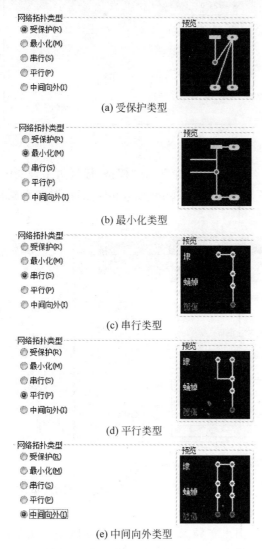

(a) 受保护类型

(b) 最小化类型

(c) 串行类型

(d) 平行类型

(e) 中间向外类型

图 8.31　网络拓扑类型

图 8.32　取消选中"导线"复选框

8.6　元件布局

在 Router 中也可以进行元件的布局操作。

(1) 布局参数设定。打开"工具"菜单,选择"选项"命令,在"布局"标签页中进行布局设置,如图 8.33 所示。选中"移动时检查违规"复选框,在布局移动时,软件会智能地进行 DRC 检查。

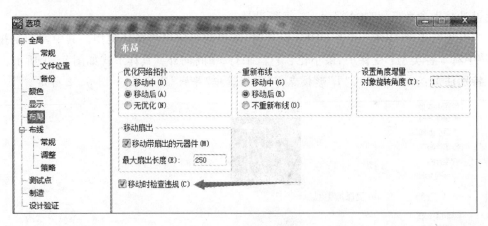

图 8.33　"布局"设置

（2）布局栅格设置。打开"编辑"菜单，选择"特性"命令，在"栅格"标签页中设置元器件摆放时参照的栅格。预布局的元器件栅格推荐设置为 25mil 或 5mil，"捕获对象至栅格"建议选中，如图 8.34 所示。

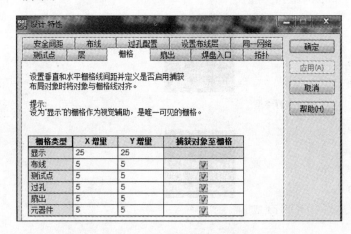

图 8.34　布局"栅格"推荐设置

（3）启动 Placement（摆放）DRC 规则。单击 DRC 工具栏中的"布局"图标（见图 8.35），在打开的对话框中启动布局规则，如图 8.36 所示。

（4）单击一般工具栏中的布局图标 ，调出布局工具栏，如图 8.37 所示。从左到右依次为选取模式、移动、旋转 90°、无角度旋转、翻面。只需把对应的快捷键记住即可。

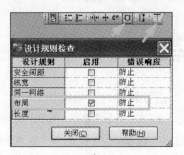

图 8.35　工具栏中的"布局"图标　　　　图 8.36　启动"布局"规则　　　　图 8.37　布局工具栏

➤ 移动元器件。单击移动模式图标 ⊞，选中器件后即可进行移动操作，也可以先选中元器件后，单击 ⊞ 图标或者按下 Ctrl＋E 快捷键进行操作移动。

➤ 元器件旋转 90°，单击旋转 90°模式图标 ⊞，选中元器件后即可进行旋转 90°操作，也可以先选中元器件后，单击 ⊞ 图标或者按下 Ctrl＋R 快捷键进行旋转操作，如图 8.38 所示。

➤ 元器件无角度旋转。单击无角度旋转模式图标 ⊞，选中元器件后即可进行无角度旋转操作、也可以先选中元器件后，单击 ⊞ 图标或者按下 Ctrl＋I 快捷键进行无角度旋转操作，如图 8.39 所示。

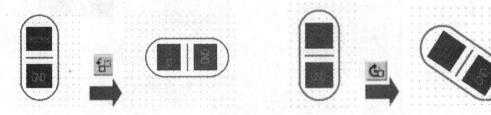

图 8.38　元器件旋转 90°　　　　　　　　图 8.39　元器件无角度旋转

➤ 元器件翻面。单击翻面模式图标 ⊞，选中元器件后即可进行翻面操作，也可以先选中元器件后，单击 ⊞ 图标或者按下 Ctrl＋F 快捷键进行翻面操作，如图 8.40 所示。

（5）锁定元器件。选中元器件后快速双击或按下 Ctrl＋Q 快捷键进入"元器件特性"对话框，选中"保护：不允许编辑"复选框，如图 8.41 所示。

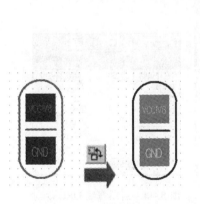

图 8.40　元器件翻面　　　　　　　　图 8.41　锁定元器件

8.7　交互式手工布线

在 Router 中可以进行交互式手工布线操作。

（1）布线参数设定。打开"工具"菜单，选择"选项"命令，在"选项"对话框中的"布线"标签页中进行布线参数设置，如图 8.42 所示。

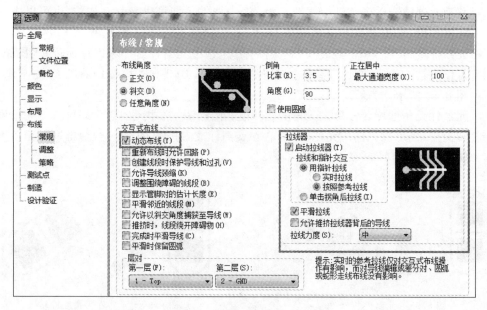

图 8.42 "布线/常规"参数设置

（2）布线栅格设置。打开"编辑"菜单，选择"特性"命令，在弹出的"设计特性"对话框中的"栅格"标签页中设置布线栅格，如图 8.43 所示。

（3）启动布线 DRC 规则，如图 8.44 所示。

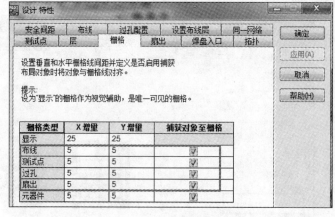

图 8.43 设置布线"栅格"

图 8.44 启动布线 DRC 规则

（4）单击一般工具栏中的布线编辑图标🔲，调出布线编辑工具栏，如图 8.45 所示。

（5）动态走线。单击动态走线 🔲 图标或者按下 F3 键。在走线过程中，也可以根据需要开启推挤功能（无模命令：PC、PP、PR）。推挤设置如图 8.46 所示。

（6）删除走线。选中要删除的线段后，按下退格键 Backspace 即可完成。如果要删除连续几段走线，可以同时按住 Ctrl 键和鼠标左键进行选中，在走线的过程中，如果删除上一步走线，也可按下退格键 Backspace 完成。

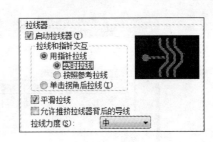

图 8.45　布线编辑工具栏　　　　　　　　图 8.46　推挤设置

8.8　高速走线

8.8.1　差分走线

当设计中涉及 USB 的串行差分线、CAN 总线、网络通信线等差分线时，需要设置差分网络。

（1）设置差分网络。在 Router 中选中两根要设置成差分对的网络后，右击，在弹出的快捷菜单栏中选择"建立差分网络"命令，如图 8.47 所示。

（2）设置差分对规则。建立差分对之后，在项目浏览器中，选中"差分对"中已建立的差分网络，右击，弹出快捷菜单后选择"特性"命令，如图 8.48 所示。在"差分对特性"窗口中设置差分规则，如图 8.49 所示。

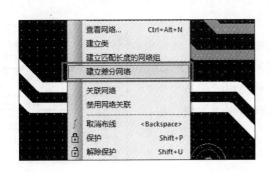

图 8.47　"建立差分网络"命令

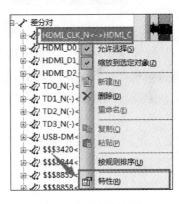

图 8.48　"特性"命令

（3）开始差分走线。选中差分线的管脚或过孔之后，右击，在弹出的快捷菜单中选择"交互式布线"命令或者按下 F3 键开始走差分线，单击确定拐点，移动光标，沿着设计走线方向继续走线，如图 8.50 所示。当到达目标管脚或过孔的时候右击，在弹出的快捷菜单中选择"完成"命令或双击可直接接上，如图 8.51 所示。

特别注意：在走差分线过程中可能会出现连接不上管脚的情况，在设置"以没有过孔结束"的模式下，可以在接近管脚的地方，同时按下 Ctrl 键和鼠标左键，把差分线暂停在该位置。然后单击 Router 工具栏中的 Layout 图标，切换到 Layout 中关闭 DRC 进行连线。

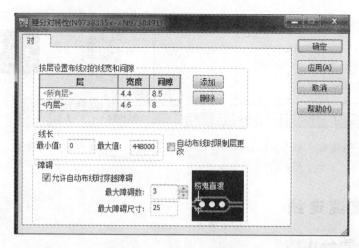

图 8.49 "差分对特性"窗口

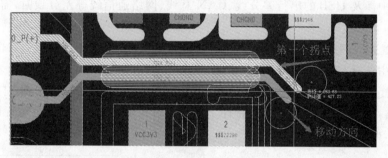

图 8.50 差分线走线过程

（4）差分线单独走线。在进行差分走线过程中，有时候不能同时将两根走线绕过障碍对象，这时候就要将差分走线分开进行单独走线。例如从 DDR 走到 CPU，差分线需要绕开 CPU 的扇出过孔。选中差分线的管脚后，右击，从弹出的快捷菜单中选择"交互式布线"命令或按下 F3 键开始走线，引出走线后在将要连接到 CPU 的目标管脚时，右击，弹出快捷菜单，并选择"单独走线"命令（如图 8.52 所示），或者按下 Shift＋Z 组合键，将走线分别连接到目标管脚上，如图 8.53 所示。

图 8.51 "完成"命令

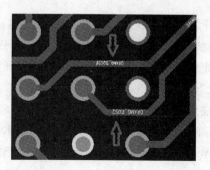

图 8.52 "单独布线"命令　　　图 8.53 差分线单独走线实例

8.8.2　等长走线

等长走线是为了满足芯片的建立时间（Setting Time），也可以称为时序。用户同时可以在下方的电子表格中管理走线长度，在进行 DDR、HDMI、SD 卡等设计中会涉及等长走线。

（1）设置等长线网络。在 Router 中选中要设置等长线的网络后，右击，在弹出的快捷菜单中选择"建立匹配长度的网络组"命令，如图 8.54 所示。在项目浏览器的"建立匹配长度的网络组"中建立了一个网络组——MLNetGroup1，如图 8.55 所示。

图 8.54　"建立匹配长度的网络组"命令　　图 8.55　新建立的网络组

（2）设置等长线规则。在项目浏览器中，选中"匹配长度的网络组"中的 MLNetGroup1，右击，在弹出的快捷菜单中选择"特性"命令。在弹出的窗口中设置等长规则，如图 8.56 所示。图中表示把 MLNetGroup1 所包含网络的等长特性设定限制在 600～625mil，容差为 25mil。设定该特性前，记得要把设计单位改为密尔。

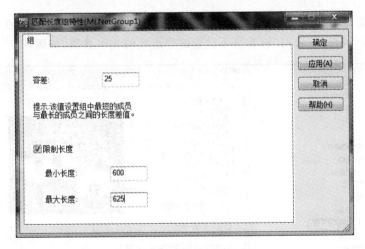

图 8.56　"匹配长度组特性"窗口

在走线的过程中右击，在弹出的快捷菜单中选择"添加蛇形走线"命令。同时光标的长度监视器的长度数据栏随着走线的进行会实时地改变颜色。电子表格中的相关数据也会随着改变，如图 8.57 所示。

用户在绕线时，可以通过观察电子表格中"估计长度"一栏中数据的颜色，即可直观看出导线是否符合已设定的长度规则。当数据变为绿色时，代表走线长度符合规则设定的长度，

	名称	标记对象	估计长度	未布线的长度	已布线的长度	限制长度
9	$$$8603		747.87	613.24	85.26	
10	$$$8579		606.56	539.63	44.54	✓
11	$$$8578		682.64	606.35	44.54	✓
12	$$$8576		512.11	445.94	44.54	✓
13	$$$8574		588.15	513.23	44.54	✓
14	$$$8572		449.08	383.67	44.54	✓
15	$$$8570		430.67	359.62	44.54	✓

图 8.57　"电子表格"对话框

红色代表走线长度超出规则设定的长度,黄色则代表走线长度小于规则设定的长度。

8.8.3　蛇形走线

当用户设置了匹配长度的网络组规则后,在进行长度匹配时,有时会受到布线空间的限制,这时就需要通过蛇形走线来达到设计所需的走线长度。

蛇形走线有两个重要的参数:振幅 Lp 和间隙 S,如图 8.58 所示。振幅 Lp 表示蛇形走线的耦合长度,应该尽量减小。间隙 S 是指蛇形走线之间的距离,应该尽量增大。

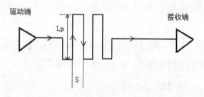

图 8.58　蛇形走线模型

(1) 设置蛇形走线的振幅和间隙。打开"工具"菜单,选择"选项"命令,在弹出的"选项"窗口中的"布线/调整/差分对"标签页下设置蛇形走线的相关参数,如图 8.59 所示。

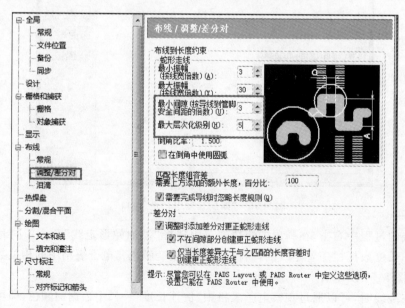

图 8.59　设置蛇形走线的参数

① 在振幅栏中将最小值设为5(振幅设置为走线宽度的5倍)。

② 在间隙栏中将最小值设为3(间隙设置为走线到拐角间距的3倍)。

(2)添加蛇形走线。在动态走线过程中右击,在弹出的快捷菜单栏中选择"添加蛇形走线"命令,如图8.60所示。或者按下Shift+A组合键即可添加蛇形走线。蛇形走线效果图如图8.61所示。

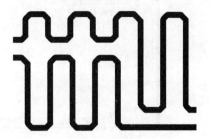

图8.60　"添加蛇形走线"命令　　　　　图8.61　蛇形走线效果图

8.8.4　元件规则切换线宽

这里介绍对特殊元件设置走线规则,如小间距(0.8mm Pitch)的BGA封装。

选中BGA,右击,在弹出的快捷菜单中选择"特性"命令,进入"元器件特性"窗口,在"安全间距"选项卡和"布线"选项卡下对元器件进行设置。将线距和线宽都改成5mil,如图8.62和图8.63所示。

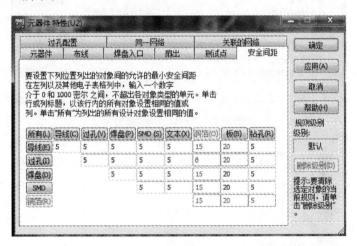

图8.62　元器件"安全间距"设置

打开"编辑"菜单,选择"特性"命令,进入"设计特性"窗口,把布线建议值(默认线宽)改为8mil,如图8.64所示。

选择任意BGA焊盘,按下F3键进行走线,导线走出BGA后,按下鼠标左键确定走线集结点,然后右击,在弹出的快捷菜单中选择"切换规则"命令(快捷键为Shift+R),如图8.65所示。线宽明显从原来的5mil加粗到了8mil,完成后效果如图8.66所示。以上规则也可以在Layout设置。

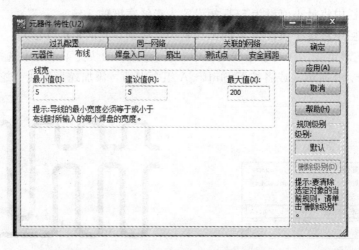

图 8.63　元器件"布线"设置

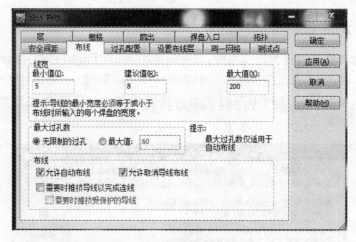

图 8.64　默认"布线"设置

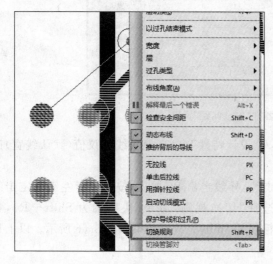

图 8.65　"切换规则"命令

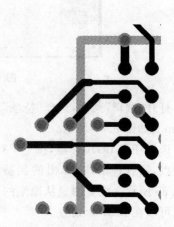

图 8.66　BGA出线自动切换线宽

8.9　自动布线

8.9.1　交互式自动布线

单击一般工具栏中的布线工具栏图标█，调出布线工具栏，如图8.67所示。

从左到右依次为布线、扇出、优化、调整、居中。

> 布线：布线指令会将所选的对象进行交互式自动布
> 线设计。

图8.67　布线工具栏

> 扇出：自动针对所选取的SMT元器件、单个管脚
> 或网络做扇出布线，并依照设定的设计规则进行分析布线。

> 优化：针对所选取的对象进行优化和调整，如将目前的布线形状态进行优化、消除不
> 必要的Stub(分支)线段、优化Via的使用量和缩短布线长度。

> 调整：可以自动改进布线长度至所需的设定长度，即自动绕等长。

> 居中：按照设定的设计规则，自动校正线段在焊盘间的相对距离。

(1) 布线：选中相关网络或者器件，如图8.68所示，按住Ctrl键，选中J1和J3，右击，在弹出的快捷菜单中执行菜单命令"布线"，完成后如图8.69所示。

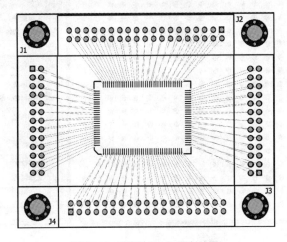

图8.68　J1和J3自动布线前

(2) 扇出：选中需要扇出的管脚或者直接选择要扇出的元器件，右击，在弹出的快捷菜单中执行"扇出"命令，如图8.70所示。完成后如图8.71所示。通常在进行BGA扇出时会使用到这种方法。

注意：上述操作只会把BGA有网络连接的管脚进行扇出，在做BGA的自动扇出前需要设置特性。打开"编辑"菜单，选择"特性"命令，进入"设计特性"窗口，在"过孔配置"选项中只选中扇出时需要用到的过孔，如图8.72所示。"扇出"选项设置如图8.73所示。在进行自动扇出前，BGA附近及底下不能放元件，否则会影响扇出，然而自动扇出并不能保证在每一个设计中100%成功。

(3) 调整：选中设定等长规则且已布线的网络，右击，在弹出的快捷菜单中执行"调整"命令，如图8.74所示。完成后如图8.75所示。

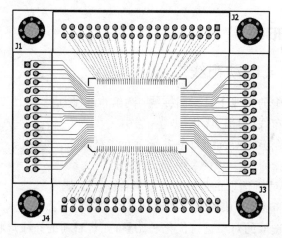

图 8.69 J1 和 J3 自动布线后

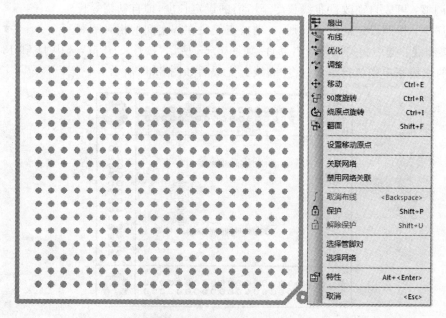

图 8.70 BGA 自动扇出前

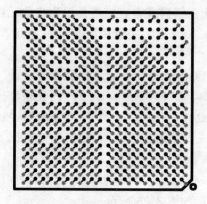

图 8.71 BGA 自动扇出后

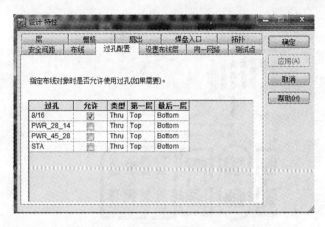

图 8.72　在"过孔配置"选项卡下设置

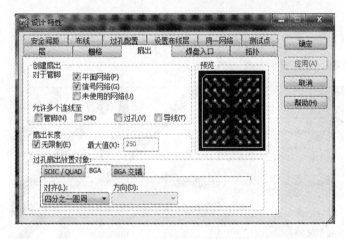

图 8.73　在"扇出"选项卡下设置

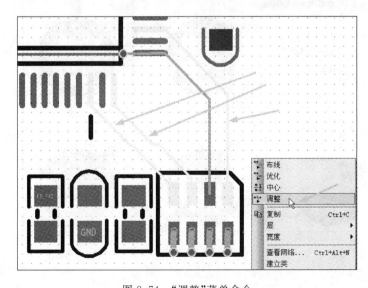

图 8.74　"调整"菜单命令

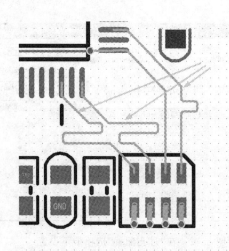

图 8.75　调整后结果

（4）居中：选中需要在两个焊盘间校正的网络，右击，在弹出的快捷菜单中执行"中心"命令，如图 8.76 所示。完成后如图 8.77 所示。

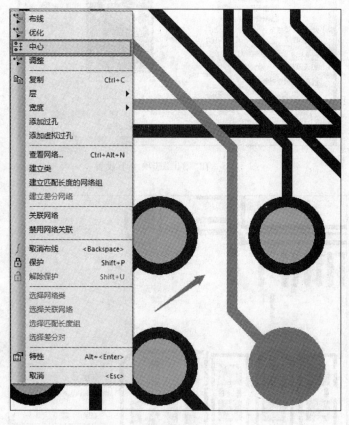

图 8.76　选择居中网络

8.9.2　完全自动布线

Router 提供整板完全自动布线功能。完全自动布线的设计思路是依次进行：预布线分析、关键信号布线、设定布线策略、设定布线顺序。

1. 预布线分析

打开"工具"菜单，选择"预布线分析"命令，如图 8.78 所示，PCB 将会进行预布线动作。预布线分析可以提供自动布线前的可改进布线方式，分析结果（包括问题和解决方式）都会记录在输出窗口中，如图 8.79 所示。用户可以根据分析结果重新制定自动布线策略、优化布局、节省自动布线时间和提高自动布线的成功率。

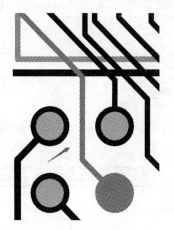

图 8.77　居中后的结果

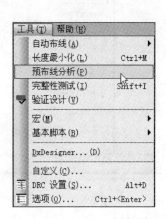

图 8.78　"预布线分析"命令

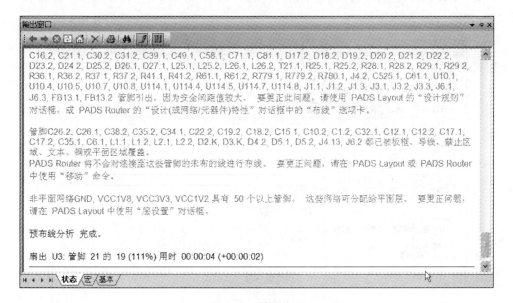

图 8.79　输出窗口

2. 关键信号布线

打开"工具"菜单，选择"选项"命令，在弹出的"选项"窗口中的"布线/策略"标签页下进行相关设置,如图 8.80 所示。

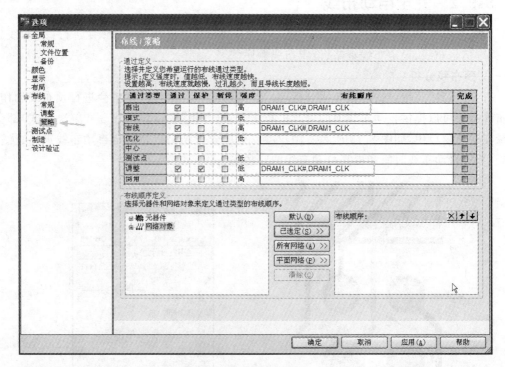

图 8.80 设置关键信号

3. 设定布线策略

打开"工具"菜单,选择"选项"命令,在弹出的"选项"窗口中的"布线/策略"标签页下进行设置,如图 8.81 所示。

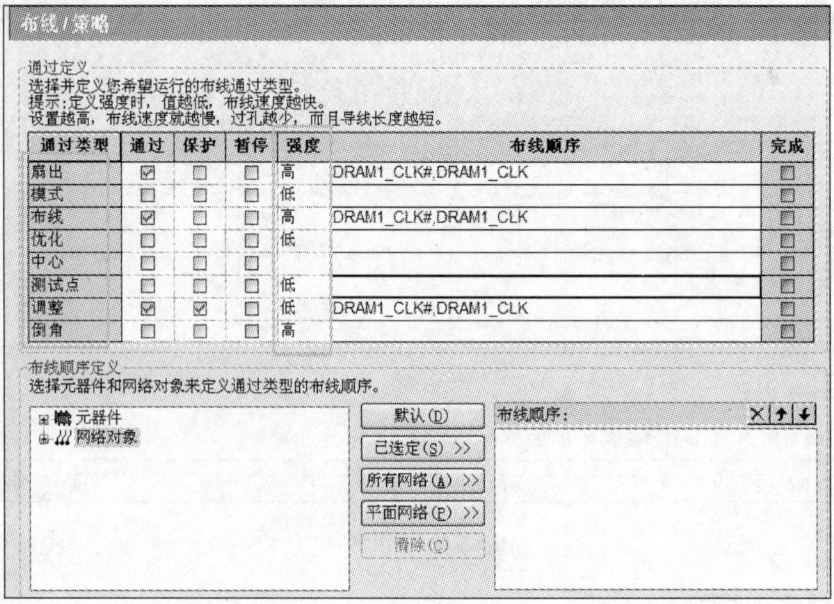

图 8.81 设置"布线/策略"

特别注意：

➢ 关于"模式"。这里设置自动修正布线的形状。

➢ 关于"布线"。这里设置执行自动布线，并且用尽各种方法完成布线。

➢ 关于"强度"。值越低，布线速度越快；值越高，布线速度越慢；过孔越少，长度越短。

4. 设定布线顺序

打开"工具"菜单，选择"选项"命令，在弹出的"选项"对话框中的"布线/策略"标签页下设置，如图 8.82 所示。

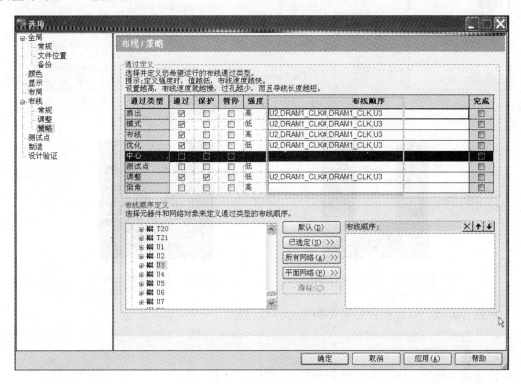

图 8.82　设置"布线/策略"

5. 开始自动布线

单击布线工具栏下的"启动自动布线"图标 ，或者按下 F9 键，进行自动布线。

8.10　PADS Router 设计验证

（1）打开"工具"菜单，选择"选项"命令，在弹出的"选项"窗口中的"制造"标签页下设置相关参数，如图 8.83 所示。

➢ 最小焊盘尺寸：3。

➢ 最小线宽：3（此项可以根据单板的布线情况适当设大，例如 3.5）。

➢ 最大区域尺寸：3，如图 8.84 所示。

➢ 对象间最大角度：89.9999，如图 8.85 所示。

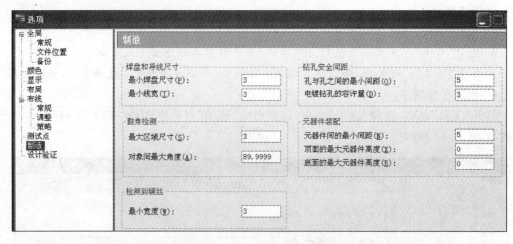

图 8.83 设置"制造"参数

图 8.84 最大区域尺寸　　　图 8.85 对象间最大角度

> 最小宽度:3(此项设定最小铜箔碎片检测值)。
> 孔与孔之间的最小间距:5(此项可以适当增大,如8~12)。
> 电镀钻孔的容许量:3。
> 元器件间的最小间距:5(此项可适当设大,如8~12)。
> 顶面的最大元器件高度:6(需根据结构限高进行设置)。
> 底面的最大元器件高度:2(需根据结构限高进行设置)。

(2) 设置"验证设计"标签页参数,如图 8.86 所示。

单击"另存为"按钮可以建立检查方案模板,在弹出的窗口中,输入新验证方案的名称即可,如图 8.87 所示。

(3) 单击设计验证工具栏,调出设计验证工具,如图 8.88 所示。

单击其中一个验证设计方案,再单击检查图标　,软件即开始进行验证设计。验证后PCB界面将会在有错误的地方标记相关错误信息符号,如图 8.89 所示。

在电子表格中,也会自动标注出错误类型和违反规则信息。单击"类型"栏的信息,软件将会自动跳转到错误处,方便用户查找和修改错误,如图 8.90 所示。

单击　图标,即可以将整板的 DRC 错误标志进行清除。

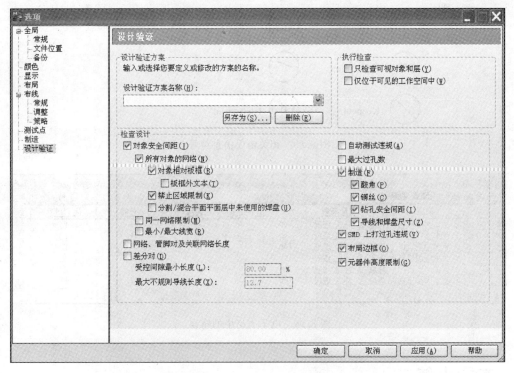

图 8.86　"设计验证"参数

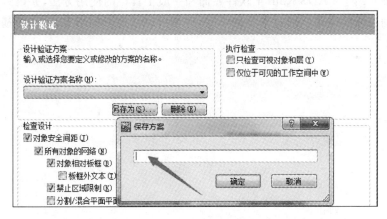

图 8.87　保存验证方案

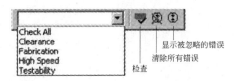

图 8.88　设计验证工具

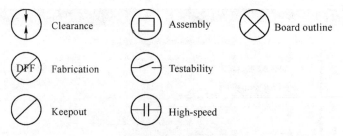

图 8.89　相关错误信息符号

	类型	违反规则	层	实际	必需	标记对象
1	⊕ 安全间距错误	铜箔 至 钻孔 违规	Top	0	>=0.254	☐
2	⊕ 安全间距错误	铜箔 至 焊盘 违规	Top	0	>=0.254	☐
3	⊕ 安全间距错误	铜箔 至 焊盘 违规	Top	0	>=0.254	☐
4	⊕ 安全间距错误	铜箔 至 焊盘 违规	Top	0	>=0.254	☐
5	⊕ 安全间距错误	焊盘 至 焊盘 违规	Top	0	>=0.127	☐
6	⊕ 安全间距错误	焊盘 至 焊盘 违规	Top	0	>=0.127	☐

图 8.90　电子表格中的错误

本章小结

本章详细介绍了 PADS Router 软件界面和一般工具栏的使用方法,并讲解了交互式手工布线和自动布线的应用。通过本章的学习,读者可以掌握 PADS Router 的基本操作和设计应用。

第9章

CHAPTER 9

相关文件输出

PCB 设计完成后，后续需要把文件交付厂家生产，采购员进行物料采购和进行加工生产，其中的每一环节都与 PCB 设计相关，都需要相应的文件或表格。一般需要用输出的文件有：光绘文件、IPC 网表、ODB 文件、钢网文件以及物料清单(BOM)。

9.1 光绘文件输出

光绘文件又称为 Gerber、菲林(取的是英文 Film 的音译)，也可称为 CAM 文件，它是 PCB 设计完成后交付板厂进行生产的最终文件。因此，在导出光绘文件之前必须保证 PCB 检查无误，且所有覆铜层全部重新覆铜。

一个正常的光绘文件应包括($n+6$)个文件。其中，n 指层数，6 指以下 6 层：

➢ 顶层丝印层(Silkscreen Top)。

➢ 底层丝印层(Silkscreen Bottom)。

➢ 顶层阻焊层(Solder Mask Top)。

➢ 底层阻焊层(Solder Mask Bottom)。

➢ 钻孔参考层(Drill Drawing)。

➢ NC 钻孔层(NC Drill)。

本章以第 7.1 节的 MP1470 电源模块 PCB 文件为例，板为两层板，则 CAM 光绘文件共需要($6+2$)=8 个文件。接下来介绍输出 CAM 文件详细步骤。

(1) 打开 PCB 文件后，将原点设置在离板框左下角的-2000mil 处，如图 9.1 所示。

(2) 输出 CAM 文件前，要先执行覆铜操作。如已灌铜，可略过此步。打开"工具"菜单，选择"覆铜管理"命令，在弹出的"覆铜管理器"窗口中，选择"全部灌注"选项。然后单击"开始"按钮，如图 9.2 所示。

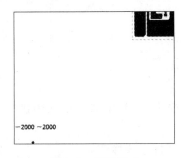

图 9.1 设置原点

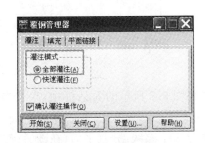

图 9.2 设置灌注模式

（3）打开"文件"菜单，选择 CAM 命令，进入"定义 CAM 文档"对话框，如图 9.3 所示。

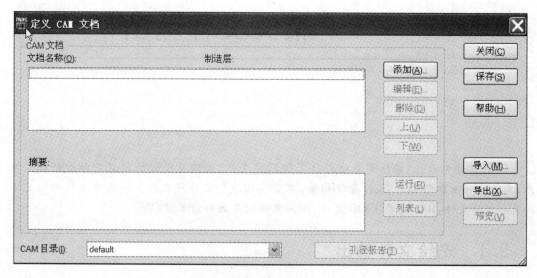

图 9.3 "定义 CAM 文档"对话框

（4）创建存放 CAM 文件的子目录。如果 PADS 安装在 D 盘，则默认的存放路径为"D:\ PADS Projects\CAM"。在"CAM 目录"的下拉列表中，单击下拉箭头，并单击"<创建>"选项，如图 9.4 所示。将弹出"CAM 问题"对话框，提示新建一个存放 CAM 文件的子目录，如图 9.5 所示。

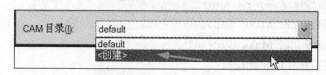

图 9.4 创建子目录

在如图 9.5 所示的对话框中输入"MP1470_GERBER"，则在默认的存放路径下就多了一个"MP1470_GERBER"文件夹。

图 9.5 "CAM 问题"对话框

（5）在如图 9.3 所示的对话框中，单击"添加"按钮，在弹出的对话框中进行以下选项设置：

➤ 文档类型：布线/分割平面，在随后弹出的对话框中选择 Top。

➢ 输出文件：01-Top. pho。

➢ 文档名称：01-Top. pho。

➢ 制造层：Top。

单击"确定"按钮完成第1层（Top层）光绘设置，如图9.6所示。

图 9.6　Top 层的光绘设置

单击"设备设置"按钮，在随后弹出的"光绘图机设置"对话框中，将填充宽度和文本填充宽度全部改为1mil，如图9.7所示。

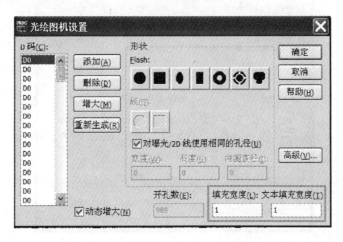

图 9.7　"光绘图机设置"对话框

单击图标 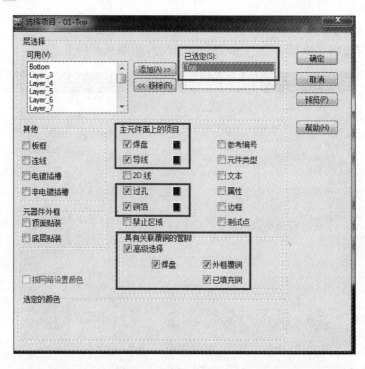，弹出"选择项目"对话框，按照如图9.8所示进行设置。

图9.8 "选择项目"对话框

接下来，还需要产生底层的光绘设置，如图9.9和9.10所示。

图9.9 底层CAM文档设置

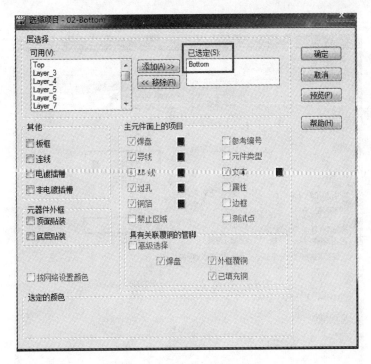

图 9.10　底层选择项目设置

（6）设置丝印顶层（Silkscreen Top），如图 9.11～图 9.13 所示。

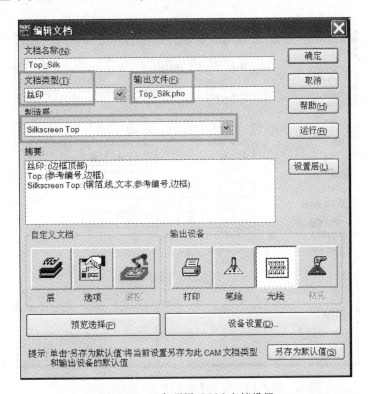

图 9.11　丝印顶层 CAM 文档设置

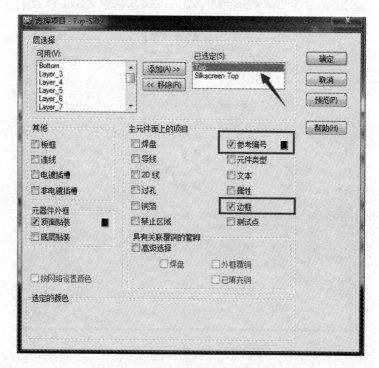

图 9.12 丝印顶层选择项目设置(一)

图 9.13 丝印顶层选择项目设置(二)

（7）设置丝印底层（Silkscreen Bottom），如图 9.14～图 9.16 所示。

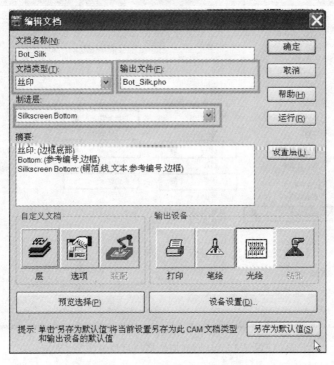

图 9.14 丝印底层 CAM 文档设置

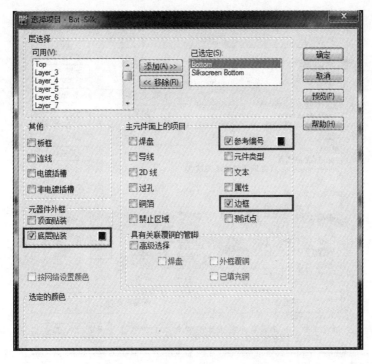

图 9.15 丝印底层选择项目设置（一）

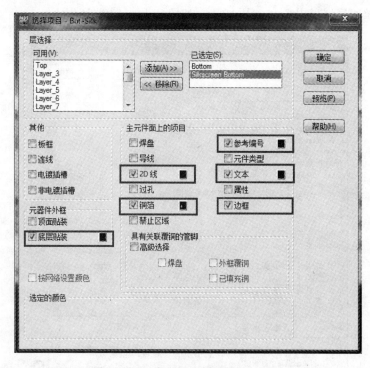

图 9.16　丝印底层选择项目设置(二)

　(8) 设置阻焊顶层(Solder Mask Top),如图 9.17～图 9.19 所示。

图 9.17　阻焊顶层 CAM 文档设置

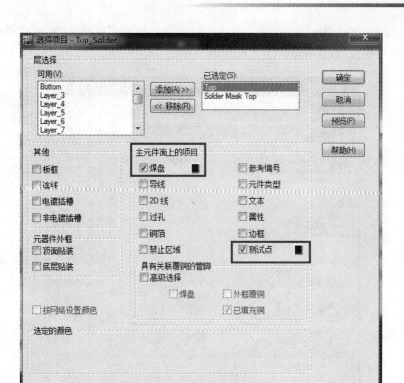

图 9.18 阻焊顶层选择项目设置(一)

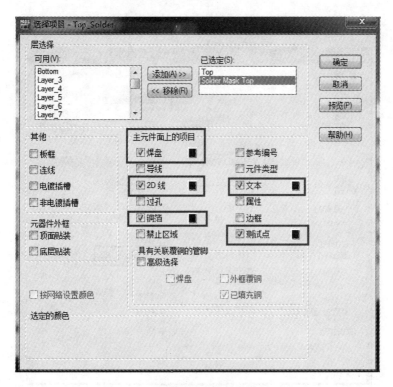

图 9.19 阻焊顶层选择项目设置(二)

在图 9.17 中,单击图标▦,在弹出的对话框中,将"焊盘尺寸放大(缩小)至"改为 4。

(9) 设置阻焊底层(Solder Mask Bottom),如图 9.20~图 9.22 所示。

图 9.20 阻焊底层 CAM 文档设置

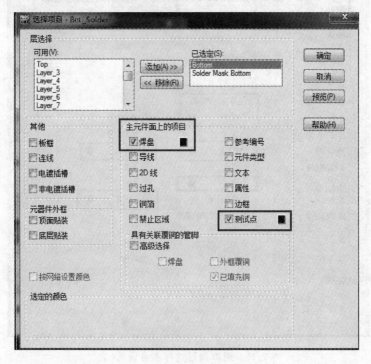

图 9.21 阻焊底层选择项目设置(一)

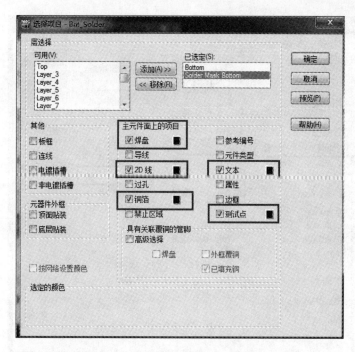

图 9.22 阻焊底层选择项目设置(二)

在图 9.20 中,单击图标▓,在弹出的对话框中将"焊盘尺寸放大(缩小)至"改为 4。

(10) 设置钻孔参考层(Drill Drawing),如图 9.23～图 9.25 所示。

图 9.23 钻孔参考层 CAM 文档设置

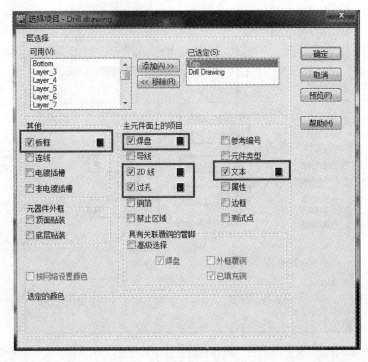

图 9.24　钻孔参考层选择项目设置(一)

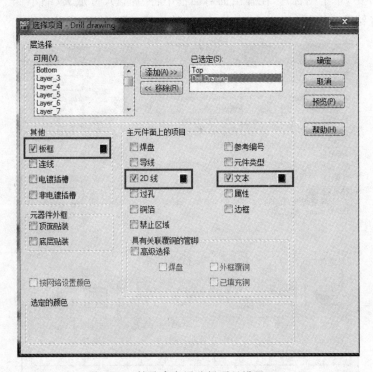

图 9.25　钻孔参考层选择项目设置(二)

在图 9.23 中,单击🔲图标,在弹出的"绘图选项"对话框中的预览窗口可以看到:孔符表格压到了 PCB 内,如图 9.26 所示。

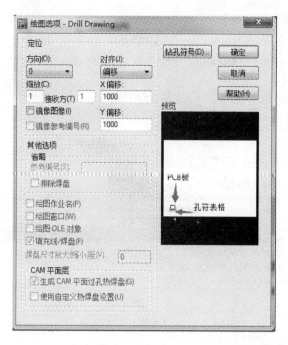

图 9.26 预览窗口

在图 9.26 中,单击"钻孔符号"按钮,在弹出的"钻孔图选项"对话框中,更改位置"X:10000"和"Y:0"(X 和 Y 的坐标值可以根据 PCB 尺寸灵活调整,只要钻孔图表不压到 PCB 就可以,可以通过单击图 9.23 中的"预览选择"按钮进行查看),然后单击"重新生成"按钮,弹出"钻孔图选项"对话框,如图 9.27 所示。完成后,重新生成钻孔数据,如图 9.28 所示。

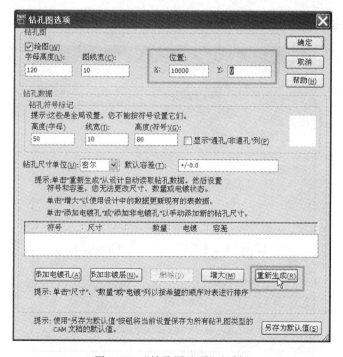

图 9.27 "钻孔图选项"对话框

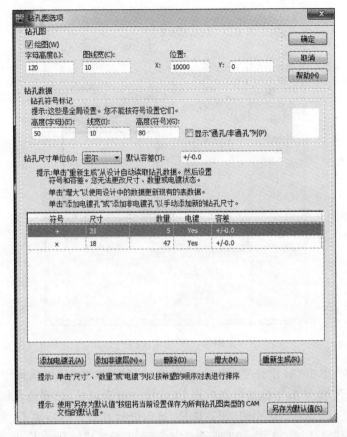

图 9.28　重新生成的钻孔数据

(11) 设置 NC 钻孔(NC Drill),如图 9.29 和图 9.30 所示。

图 9.29　NC 钻孔 CAM 文档设置

图 9.30 "NC 钻孔选项"设置

至此,CAM 文件全部定义完毕。在"定义 CAM 文档"对话框中,全选 CAM 文档,然后单击"运行"按钮,如图 9.31 所示。在随后弹出的对话框中,单击"是"按钮,即可输出 CAM 文件,如图 9.32 所示。输出后,在 CAM 存放路径的 MP1470_GERBER 文件夹中,可以看到所有输出的 CAM 文件,如图 9.33 所示。将"MP1470_GERBER"文件夹打包后,就可以发给 PCB 工厂进行加工制造了。

图 9.31 选择所有 CAM 文档

图 9.32 提示对话框

图 9.33 所有输出的 CAM 文件

9.2 IPC 网表输出

　　IPC359 网表是可以供 PCB 制造商用来验证原始 CAD 数据是否正确的一种通用网表格式。打开"文件"菜单,选择"导出"命令,如图 9.34 所示。在弹出的"文件导出"对话框中,可以选择 IPC359 网表文件的保存路径,如图 9.35 所示。

图 9.34　"导出"菜单命令

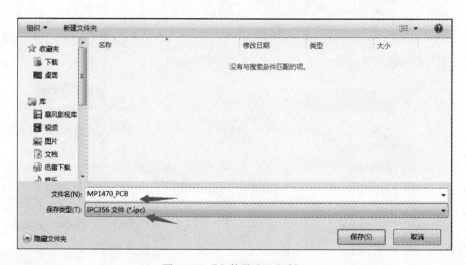

图 9.35　"文件导出"对话框

9.3 ODB 文件输出

　　ODB 是以色列奥宝公司出的一种光绘格式,全称是 Open Data Basic,它有几个版本,现在流行的版本是 ODB＋＋。ODB＋＋是一种可扩展的 ASCII 格式,它可在单个数据库中保存 PCB 制造和装配所必需的全部工程数据。单个文件即可包含图形、钻孔信息、布线、元器件、网络表、规格、绘图、工程处理定义、报表功能、ECO 和 DFM 结果等。

打开"文件"菜单,选择"导出"命令,在弹出的"文件导出"对话框中,可以选择 ODB++ 文件的保存路径,如图 9.36 所示。

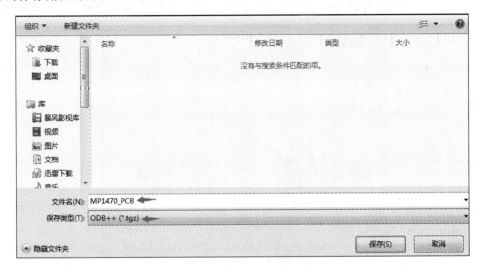

图 9.36　导出 ODB++文件

9.4　钢网文件和贴片坐标文件输出

钢网文件也可称为 SMT 文件。它是一种 SMT 专用模具,其主要功能是帮助锡膏的沉积,目的是将准确数量的锡膏转移到空 PCB 上的准确位置。

SMT 文件应包括:

➤ 顶层锡膏层,Solder Paste Top。

➤ 底层阻焊层,Solder Paste Bottom。

➤ 贴片坐标文件。

(1)打开"文件"菜单,选择 CAM 命令,弹出"定义 CAM 文档"对话框,单击"添加"按钮,在弹出的"添加文档"对话框中进行设置。设置结果如图 9.37 所示。单击"层"图标,弹出"选择项目"对话框,按照图 9.38 和图 9.39 所示进行设置。

(2)在"定义 CAM 文档"对话框中,继续单击"添加"按钮,在弹出的"添加文档"对话框中进行设置。结果如图 9.40～图 9.42 所示。

(3)至此,两层锡膏文件定义完毕。在"定义 CAM 文档"对话框中,在"CAM 存放路径"下拉列表中创建 SMT 文件夹。选择两层锡膏文档,然后单击"运行"按钮。在随后弹出的对话框中,单击"是"按钮,即可输出两层锡膏文件,如图 9.43 所示。

(4)输出后,在 CAM 存放路径的 SMT 文件夹中,可以看到输出的所有两层锡膏文件,如图 9.44 所示。

(5)输出贴片坐标文件。打开"工具"菜单,选择"基本脚本"命令,然后继续选择"基本脚本"命令,如图 9.45 所示。

图 9.37 顶层助焊层 CAM"添加文档"设置

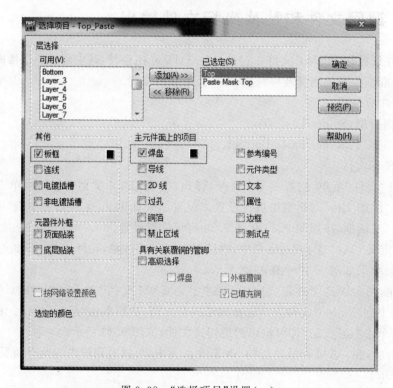

图 9.38 "选择项目"设置(一)

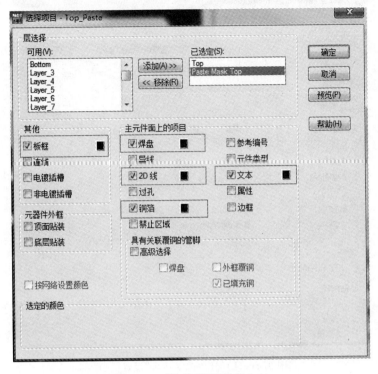

图 9.39 "选择项目"设置(二)

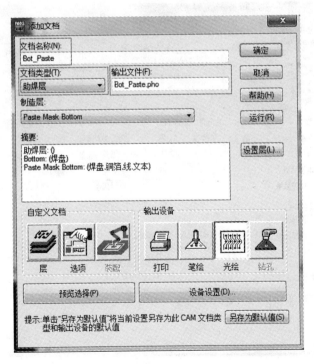

图 9.40 底层助焊层 CAM"添加文档"设置

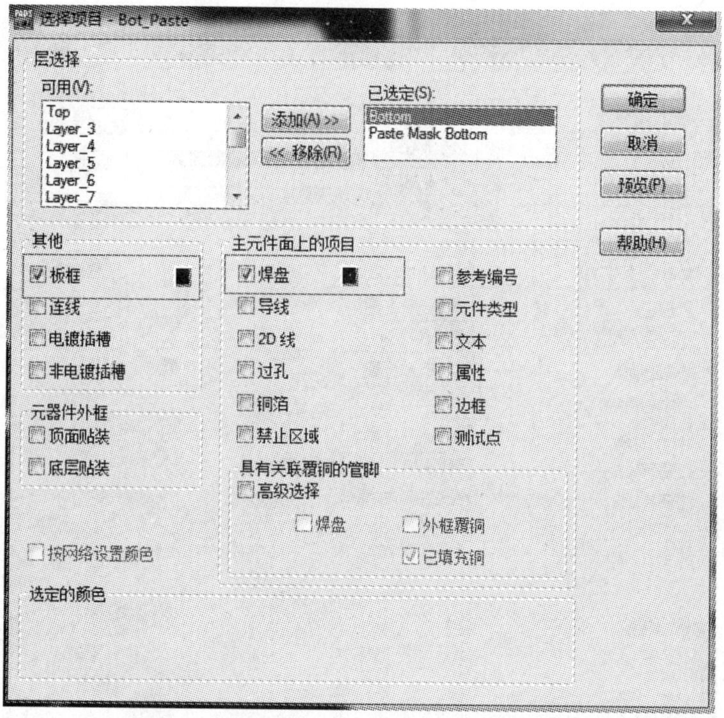

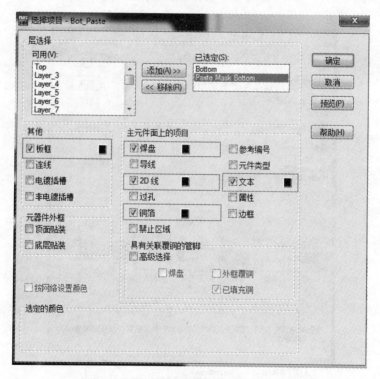

图 9.41　助焊层"选择项目"设置(一)

图 9.42　助焊层"选择项目"设置(二)

图 9.43 输出两层锡膏文件

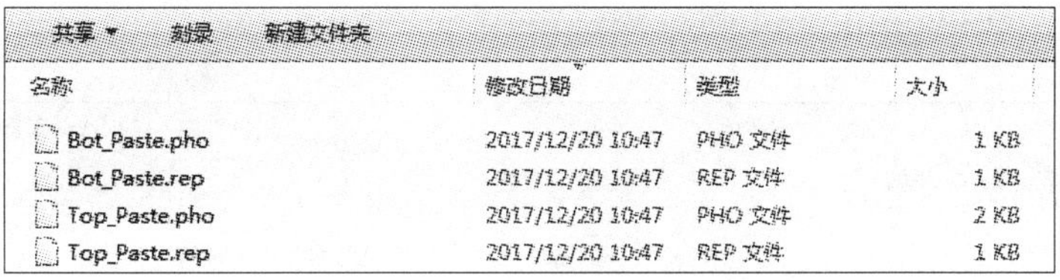

图 9.44 输出的所有两层锡膏文件

图 9.45 "基本脚本"菜单命令

在随后弹出的"基本脚本"窗口中,选择 17-Excel Part List Report 选项,并单击"运行"按钮,如图 9.46 所示,即可产生坐标文件,如图 9.47 所示。然后将坐标文件保存到 SMT 文件夹中。最后将 SMT 文件夹打包后即可发给 SMT 工厂进行贴片加工。

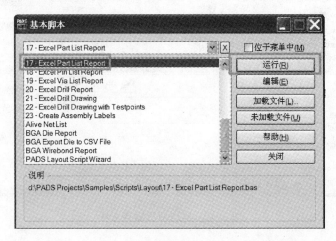

图 9.46 "基本脚本"窗口

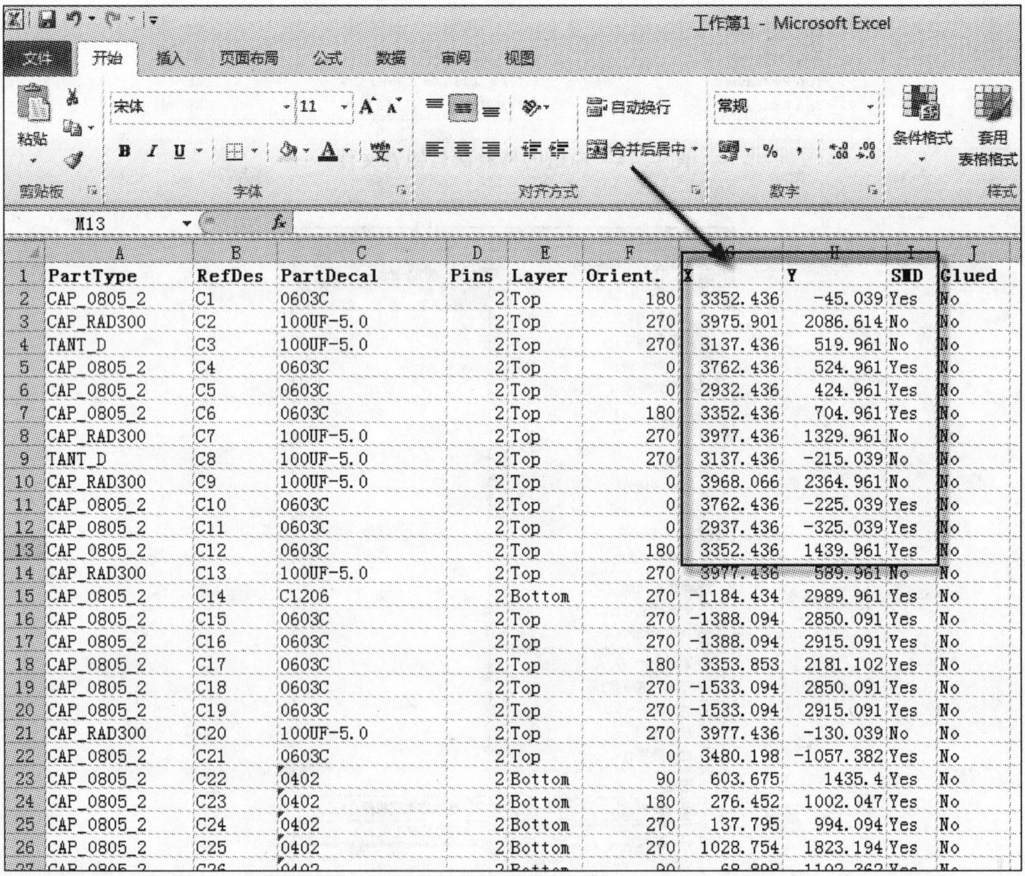

图 9.47 生成的坐标文件

（6）输出贴片坐标文件的另外一种方法是 CAM Plus。打开"文件"菜单，选择 CAM Plus 命令，进入 CAM Plus 对话框并设置参数，如图 9.48 所示。

CAM Plus 对话框参数设置如下：

➢ 元件定义文件名：part.def。

➢ "设置"栏中的"面"：Top。

➢ "设置"栏中的"元件"：SMT。

➢ 读取元件定义：选中。

➢ 读取值属性：选中。

➢ 输出格式：Dynapert Promann。

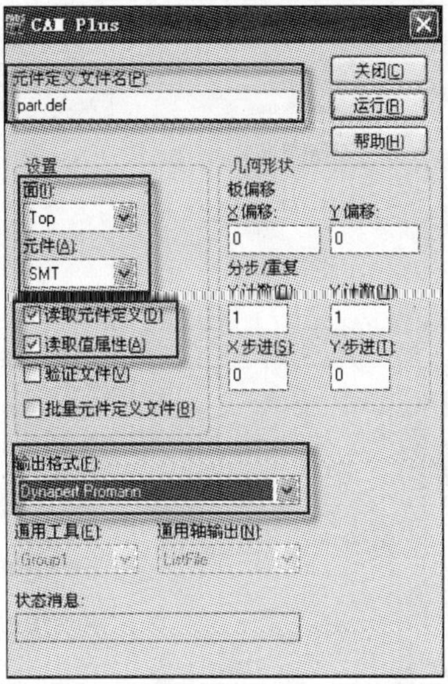

9.5　装配文件输出

元器件在 PCB 中的焊接位置称为装配图，也称为 Assembly 文件。装配图是 PCB 设计师表达设计思想及元器件装焊的工具，是指导生产的基本技术文件。

（1）打开"文件"菜单，选择"生成 PDF"命令，弹出 "PDF 配置"对话框，如图 9.49 所示。

（2）单击图标 ，弹出"PDF 配置"对话框，将"页 6"改名为"装配图 Top"，如图 9.50 所示，并在"选定的层"栏中单击图标 。将 Top 和 Silkscreen Top 层添加进"已选定"栏中，如图 9.51 所示。然后在"选定的层"栏中分别对 Top 和 Silkscreen Top 层进行定义，如图 9.52 和图 9.53 所示。

图 9.48　CAM Plus 对话框

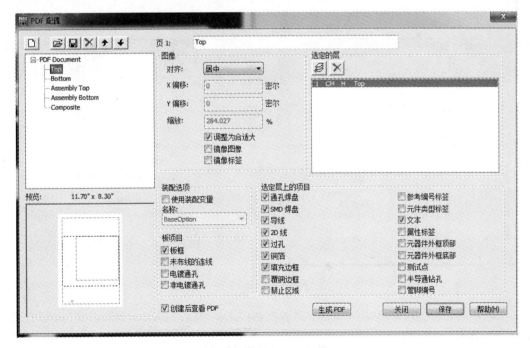

图 9.49　"PDF 配置"对话框

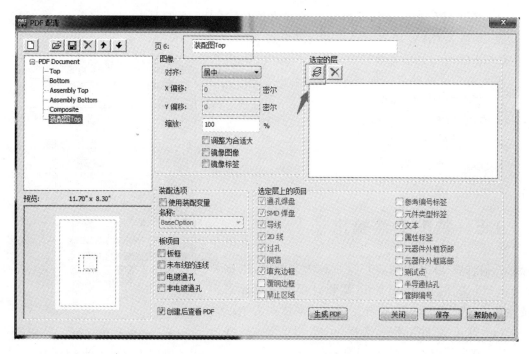

图 9.50　添加装配图 Top 文件

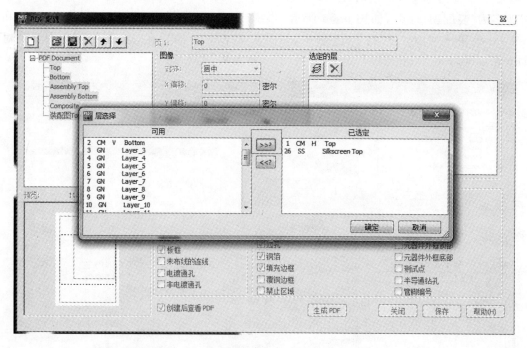

图 9.51　选定 Top 和 Silkscreen Top 文件

（3）单击图标 ▣，弹出"PDF 配置"对话框，将"页 7"改名为"Bottom"，并在"选定的层"栏中单击图标 ▧。将 Bottom 和 Silkscreen Bottom 层添加进"已选定"栏中。然后在"选定的层"栏中分别对 Bottom 和 Silkscreen Bottom 层进行定义，如图 9.54 和图 9.55 所示。

图 9.52　设定 Top 层参数

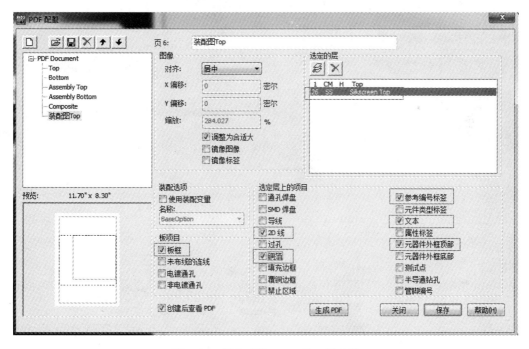

图 9.53　设定 Silkscreen Top 层参数

（4）在 PDF Document 栏中，依次选中除装配图 Top 和装配图 Bottom 之外的文件，单击图标 ⌧，将其余的 PDF Document 文件进行删除，如图 9.56 所示。然后单击"生成 PDF"按钮，即可创建一份 PDF 格式的装配图。

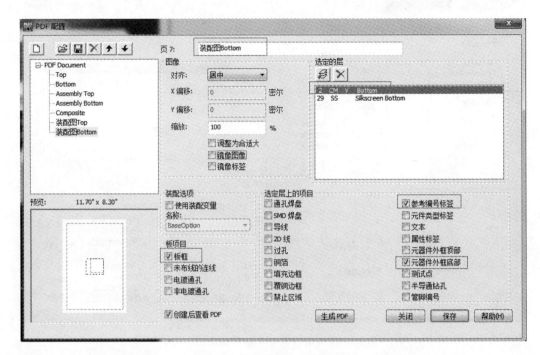

图 9.54　设定 Bottom 层参数

图 9.55　设定 Silkscreen Bottom 层参数

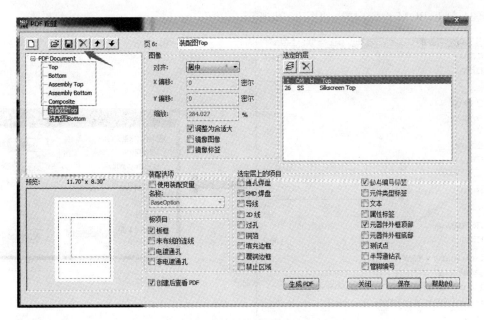

图 9.56 删除其余文件

9.6 BOM 文件输出

BOM 即物料清单,它涉及元器件的采购、各功能模块,也涉及 PCB 的焊接与调试。在 BOM 清单制作中,要标明元器件名称、规格、位置编号、材料编号、材料规格、形状及形状码等。BOM 清单是元器件采购的主要依据是产品后续生产的物料根据,它的制作效率对后续流程都将产生重要影响。低效率的 BOM 单制作,不仅会耽搁物料采购,而且在产品生产与设计的计划安排上留下许多的空白,耗时耗力且大大增加成本。

PADS 的 BOM 制作从 Logic 里设置元器件的属性后整理导出。

具体步骤如下:

(1) 设置所有元件的详细属性,一般需要包括:生产厂家、元件型号、元件封装、元件特性参数等信息,一般在设计原理图时,需要把元件属性设置好,如图 9.57 所示。

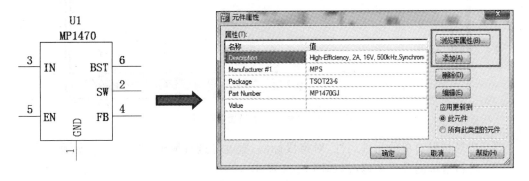

图 9.57 "元件属性"设置

（2）打开 BOM 设置向导，如图 9.58 所示。

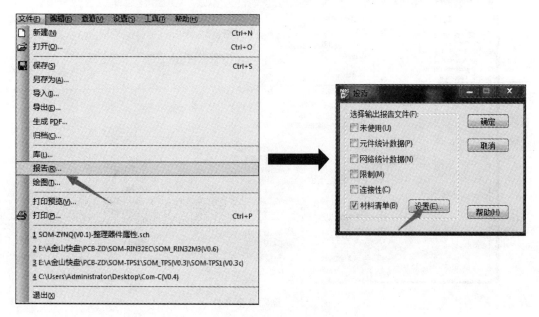

图 9.58　选择"报告"命令，打开"报告"窗口

（3）选中"材料清单"复选框，单击"设置"按钮，打开如图 9.59 所示对话框。

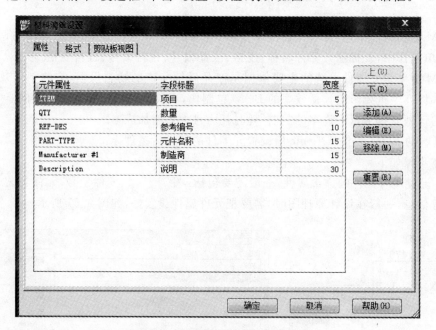

图 9.59　"材料清单设置"对话框

（4）选择材料清单的元件属性，对字段标题、宽度等进行编辑，如图 9.60 所示。

（5）材料清单的预览和修改，如图 9.61 所示。

（6）生成 TXT 文件，见图 9.62。

图 9.60 "材料清单设置"对话框

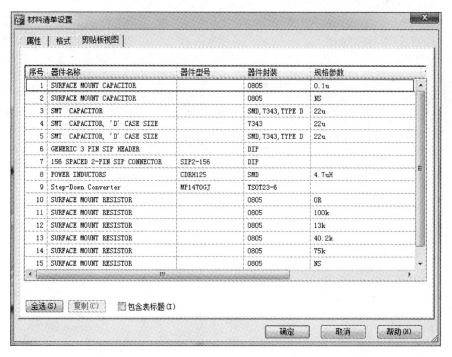

图 9.61 "材料清单设置"后的预览

BillOfMaterials - 记事本

文件(F) 编辑(E) 格式(O) 查看(V) 帮助(H)

Bill Of Materials for MP1470.sch on Wed Jul 05 10:24:08 2017

序号	器件名称	器件型号	器件封装	规格参数	制造商	参考编号	数量
1	SURFACE MOUNT CAPACITOR		0805	0.1u		C4-6	3
2	SURFACE MOUNT CAPACITOR		0805	NS		C3	1
3	SMT CAPACITOR		SMD,7343,TYPE D	22u		C1	1
4	SMT CAPACITOR, 'D' CASE SIZE		7343	22u		C2	1
5	SMT CAPACITOR, 'D' CASE SIZE		SMD,7343,TYPE D	22u		C2A	1
6	GENERIC 3 PIN SIP HEADER		DIP		#	J1	1
7	156 SPACED 2-PIN SIP CONNECTOR	SIP2-156	DIP		#	J2	1
8	POWER INDUCTORS	CDRH125	SMD	4.7uH		L1	1
9	Step-Down Converter	MP1470GJ	TSOT23-6		MPS	U1	1
10	SURFACE MOUNT RESISTOR		0805	0R		R4	1
11	SURFACE MOUNT RESISTOR		0805	100k		R5	1
12	SURFACE MOUNT RESISTOR		0805	13k		R2	1
13	SURFACE MOUNT RESISTOR		0805	40.2k		R1	1
14	SURFACE MOUNT RESISTOR		0805	75k		R7	1
15	SURFACE MOUNT RESISTOR		0805	NS		R3 R6	2

图 9.62 生成 TXT 文件

本章小结

本章详细讲解了 PADS 导出相关生产文件的详细步骤。读者根据本章所述的操作步骤可以掌握 PADS 输出文件的方法，从而使设计文件与生产可以很好地衔接。

第 10 章

案例实战(1)：

USB HUB 设计

差分信号是驱动端发送两个等值、反相的信号，接收端通过比较这两个电压的差值来判断逻辑状态"0"还是"1"。承载差分信号的那一对走线就称为差分走线。差分信号的布线要求：等长、等距、等线宽。USB 2.0 协议定义由两根差分信号线(D＋、D－)传输高速数字信号，最高的传输速率为 480Mbps。差分信号线上的差分电压为 400mV，差分阻抗为 90Ω。在设计 PCB 时，控制差分信号线的差分阻抗非常重要。

10.1 原理图绘制

绘制如图 10.1 所示[①]的 USB HUB 原理图，图页边界线建议采用 A4 或者 A3。步骤参照第 4 章。

10.2 USB HUB PCB 布局

本章案例重点介绍差分线设置及布线，PCB 的布局、规则设置和布线步骤参照第 7 章。USB HUB 的 PCB 布局如图 10.2 所示。

10.3 差分线设置及布线技巧

1. 差分线

差分对是指一对存在耦合的传输线，采用两条信号线，让差分信号以差分对为载体进行传输。差分信号就是两条传输线间的电压，是驱动端发送两个等值、反相的信号，接收端通过比较这两个电压的差值来判断逻辑状态为"0"还是"1"。图 10.3 所示是一种典型的差分信号。

承载差分信号的那一对走线称为差分走线，差分信号的布线要求：等长、等距、等线宽。

2. 设置差分网络

从 PADS Layout 切换到 PADS Router，在 PADS Router 中选中两根要设置成差分对的网络后，如 DM4＆DP4。右击，在弹出的快捷菜单中执行"建立差分网络"命令，如图 10.4 所示。依次建立其余 4 对差分线：DM0＆DP0、DM1＆DP1、DM2＆DP2、DM3＆DP3。

---

① 编辑注：受限于版面空间，图 10.1 见下一页。余同。

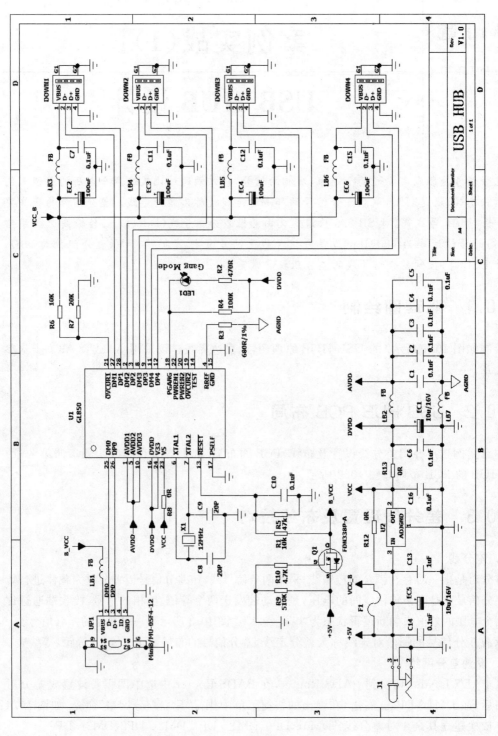

图 10.1 USB HUB原理图

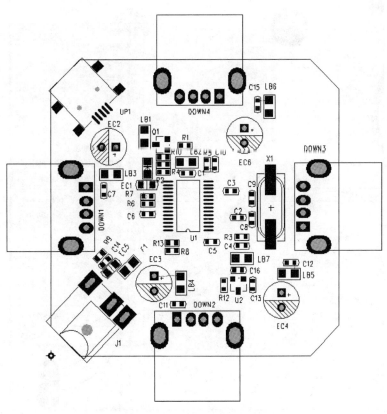

图 10.2 USB HUB 的 PCB 布局图

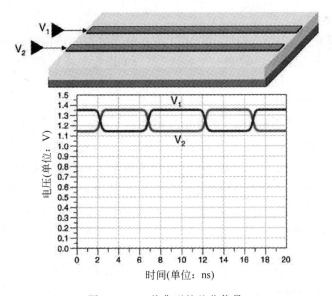

图 10.3 一种典型的差分信号

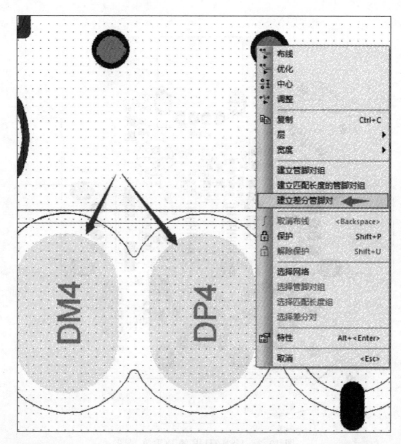

图 10.4 "建立差分网络"菜单命令

3. 设置差分对规则

在项目浏览器中,选中"差分对"中刚建立的差分网络,右击,在弹出的快捷菜单中执行"特性"命令,如图 10.5 所示。在"差分对特性"窗口中设置差分规则,如本例的差分线采用的线宽 8mil、线距为 10mil,如图 10.6 所示。

4. 开始差分走线

在未选择任何对象状态下右击,从弹出的快捷菜单中依次执行选择导线/管脚/未布的线命令。在标准工具栏中的层目录中选择 Top 为当前操作层。选中差分线的源管脚后,右击,在弹出的快捷菜单中执行"交互式布线"命令或按下 F3 键开始走线。从源管脚拉出走线,用鼠标左键单击确定集合点,移动光标,沿着设计走线方向继续走线,如图 10.7 所示。当到达目标管脚的时候,右击,在弹出的快捷菜单中执行"完成"命令,如图 10.8 所示。

5. 差分线单独走线

在差分走线过程中,有时候不能同时将两根走线绕过障碍对象,这时候就要将差分走线分开单独进行走线,如从排阻处走到 CPU,差分线需绕开 CPU 的过孔。选中差分线的源管脚后,右击,从弹出的快捷菜单中执行"交互式布线"命令或按下 F3 键开始走线,引出走线后在将要连接到 CPU 的目标管脚时,右击,从弹出的快捷菜单中执行"单独布线"命令(如图 10.9 所示),或者按下 Shift+Z 快捷键,将走线分别连到目标管脚上。

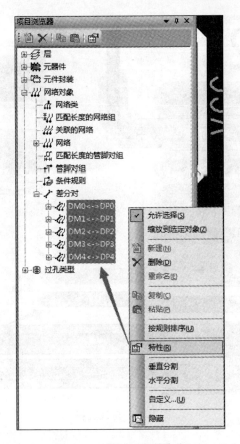

图 10.5 "特性"菜单命令

图 10.6 "差分对特性"窗口

6. 差分线增加过孔

在走线过程中右击，从弹出的快捷菜单中执行"过孔样式"命令，如图 10.10 所示。再右击，从弹出的快捷菜单中执行"添加过孔"命令，继续进行差分走线，直至完成。

五种样式的过孔如图 10.11 所示。

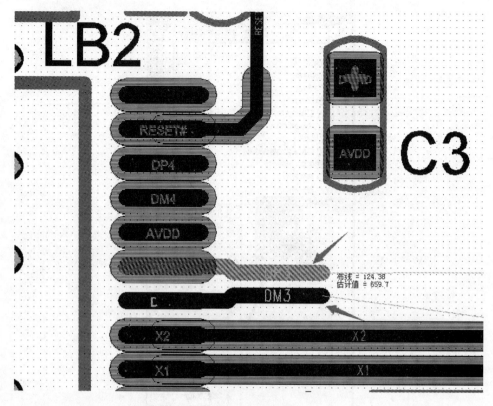

图 10.7　走线过程

图 10.8　"完成"命令

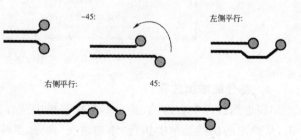

图 10.9　"单独布线"菜单命令

图 10.10　"过孔样式"菜单命令

图 10.11　五种样式的过孔

10.4 Logic 与 Layout 交互布局

利用 Logic 与 Layout 的交互功能，可以提高工作效率，进行快速布局的工作。首先打开原理图和 PCB 的文件，然后把窗口缩小，让其各占屏幕的一半，然后在 Logic 界面单击"工具"菜单，选择 PADS Layout link 命令，让 Logic 与 Layout 进行连接，从而可以快速地进行布局，如图 10.12 和图 10.13 所示。连接后选中元器件，两个界面都会高亮显示，如图 10.14 所示，这样便能快速地进行 PCB 布局工作。

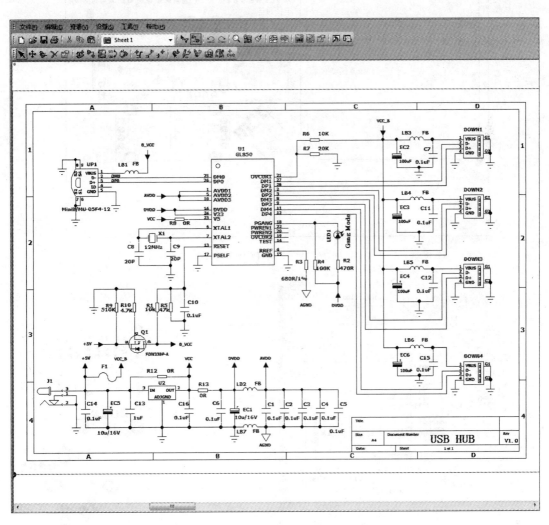

图 10.12 打开原理图文件

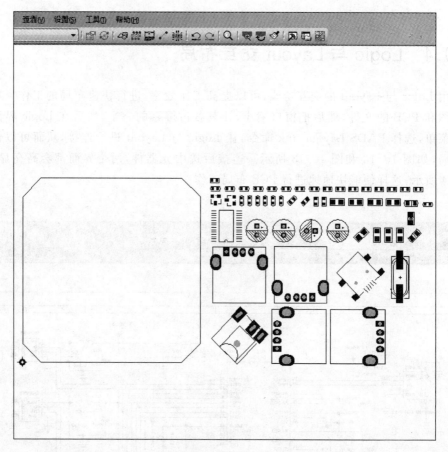

图 10.13　打开 PCB 文件

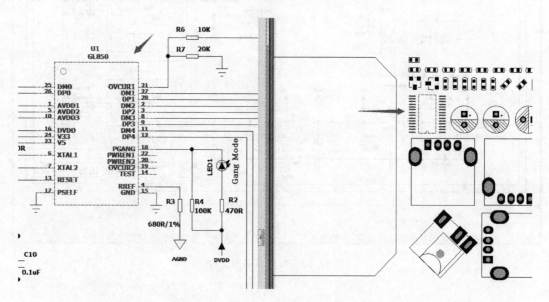

图 10.14　选中元器件后同步高亮显示

10.5 布线应用技巧——快速创建差分对

可以利用 Logic 与 Router 的交互功能，提高工作效率，来进行差分对的快速创建。

（1）用 Logic 软件打开原理图文件，用 Router 打开 PCB 文件。

（2）在 Logic 软件打开"工具"菜单，选择 PADS Router link 命令，让 Logic 与 Router 进行连接，从而可以快速地进行创建差分对的工作。

（3）在 Logic 界面，右击，执行"选择网络"命令，选择要创建差分对的网络，如图 10.15 所示。

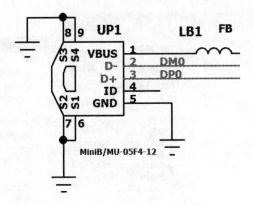

图 10.15 Logic 中选中要创建差分对的网络

（4）Router 的工作界面中右击，在弹出的快捷菜单中执行"建立差分网络"命令，如图 10.16 所示，这样便能快速地建立差分网络。

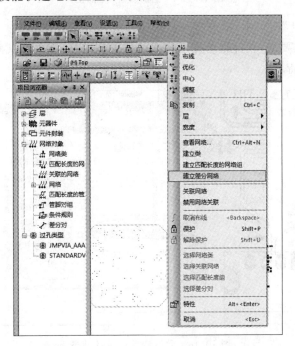

图 10.16 在 Router 界面中"建立差分网络"

10.6　差分线验证设计

差分线设计完成后,需要验证差分线布线规则。其操作步骤是:

(1) 在 PADS Layout 中,打开"工具"菜单,选择"验证设计"命令,弹出"验证设计"窗口。

(2) 在"验证设计"复选框中,选中"Latium 设计验证"单选按钮,进入"Latium 检查设置"对话框,选中"差分对",表示将要进行差分线的设计验证,如图 10.17 所示。单击"确定"按钮,返回"验证设计"窗口。

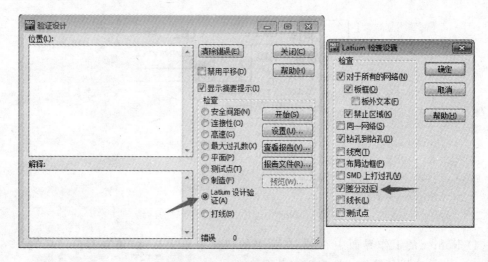

图 10.17　"验证设计"对话框

(3) 在"验证设计"窗口中,单击"开始"按钮即可进行差分线验证。如果 PCB 上差分线的线宽和线距不满足要求,软件将会提示错误的位置和解释,用户可以根据错误提示进行设计优化,如图 10.18 所示。

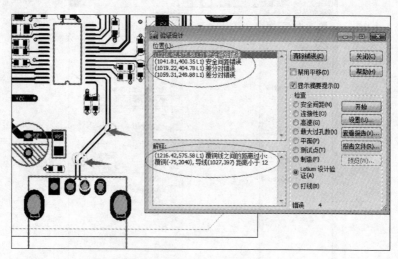

图 10.18　差分线验证设计结果

10.7　USB HUB PCB 布线

PCB 布线完成图如图 10.19 和图 10.20 所示。

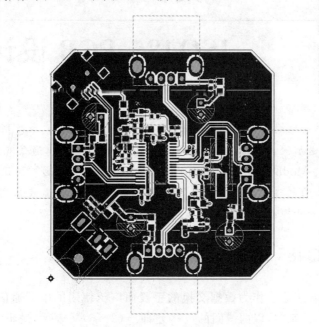

图 10.19　USB HUB 顶层布线图完成图

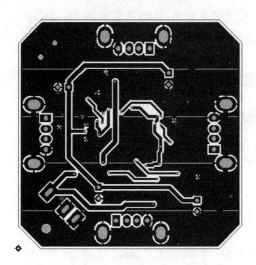

图 10.20　USB HUB 底层布线图完成图

本章小结

本章以一个具体的例子,向读者介绍了如何在 PADS Router 中设计差分走线。差分线能有效抵制 EMI、时序定位精确。第 14 章将进一步介绍差分走线。

第 11 章

案例实战（2）：

ISO485 PCB 设计

通信协议，是指通信双方对数据传送控制的一种约定。在约定中包括对数据格式、同步方式、传送速度、传送步骤、检错及纠错方式等问题进行统一规定，通信双方必须共同遵守。常用的通信协议有：Modbus 通信协议、RS232 通信协议、RS485 通信协议、Ethernet 通信协议等。其中，RS485 的电路设计可分为隔离和非隔离，隔离设计需要采用隔离器件以及在布局时按隔离区域分开摆放器件。

11.1 ISO485 原理图设计

RS485 是一种在工业上作为数据交换的手段而广泛使用的串行通信方式。数据信号采用差分传输方式，逻辑"1"以两线间的电压差即－(2～6)V 表示，逻辑"0"以两线间的电压差即＋(2～6)V 表示，也称作平衡传输，因此具有较强的抗干扰能力。采用一对双绞线，将其中一线定义为 A，另一线定义为 B，最高传输速率为 10Mbps。

参照第 4 章原理图设计步骤，绘制如图 11.1 所示的 ISO485 原理图。

11.2 PCB 设计前准备

11.2.1 默认线宽、安全间距规则设置

打开"设置"菜单，选择"设计规则"命令，弹出"规则"对话框，如图 11.2 所示，单击"默认"菜单，选择"安全间距"命令，弹出"安全间距规则：默认规则"对话框，推荐设置如图 11.3 所示。

11.2.2 默认布线规则设置

单击如图 11.2 所示"默认"菜单，选择"布线"命令，弹出"布线规则：默认规则"对话框。把走线层和过孔都添加到右边选定一栏，如图 11.4 所示。

11.2.3 过孔种类设置

在设置过孔前，把设计单位切换到密尔。打开"设置"菜单，选择"焊盘栈"命令，弹出"焊盘栈特性"对话框。"焊盘栈类型"选择"过孔"，添加一个 18/38 的过孔（钻孔尺寸 18mil，直径 38mil），如图 11.5 所示。

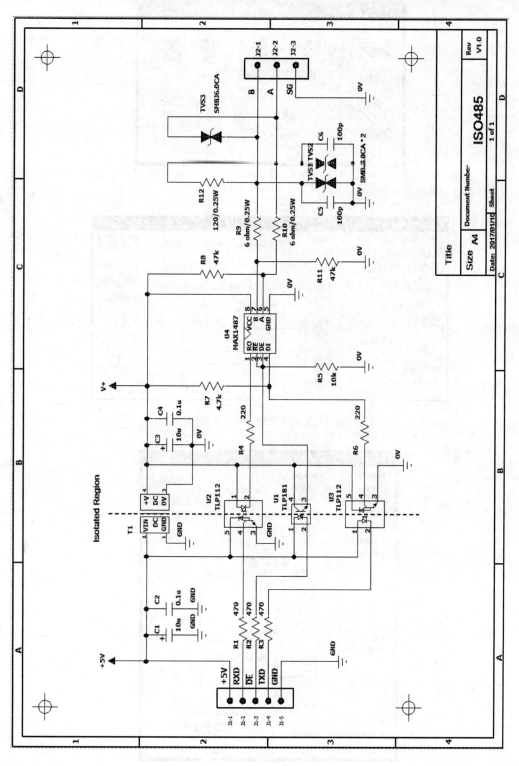

图 11.1 ISO485 原理图

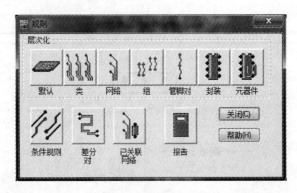

图 11.2 "规则"对话框

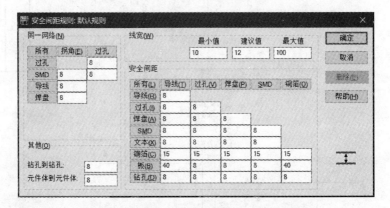

图 11.3 "安全间距规则：默认规则"对话框

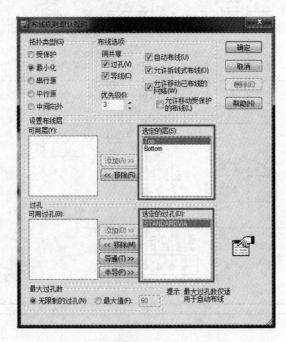

图 11.4 "布线规则：默认规则"对话框

图 11.5 "焊盘栈特性"对话框

11.2.4 建立类及设置类规则

布线前建议统一为所有电源网络统一设置网络类规则。设置网络类可以方便统一设置或修改网络规则以及分配网络颜色。

在 Logic 界面下右击，在弹出的快捷菜单中选择"选择网络"命令，按住 Ctrl 键，依次选中所有需要添加到电源网络类的相关网络，然后切换到 Layout 工作界面，在 Logic 中被选中的网络在 Layout 中也会被选中。右击，在弹出的快捷菜单中选择"建立类"命令，如图 11.6 所示。接着会弹出"将网络添加到类中"对话框，把"添加到类"选项改为 PWR，如图 11.7 所示。

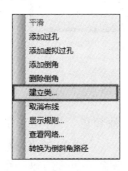

图 11.6 "建立类"命令

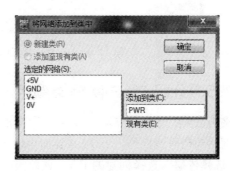

图 11.7 "将网络添加到类中"对话框

单击图 11.2 中的"类"命令,弹出"类规则"对话框,可以看到新建立的 PWR 网络类,如图 11.8 所示。可以随意添加或移除该网络类所包含的网络,并且设置线宽、安全间距及布线规则。

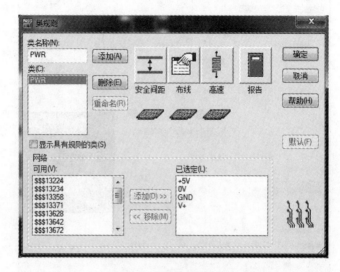

图 11.8 "类规则"对话框

单击如图 11.8 所示"布线"按钮,弹出"安全间距规则:PWR"对话框,主要查看布线层和过孔是否正确添加至已选定一栏。单击如图 11.8 所示"安全间距"按钮,弹出"安全间距规则:PWR"对话框,推荐设置如图 11.9 所示。

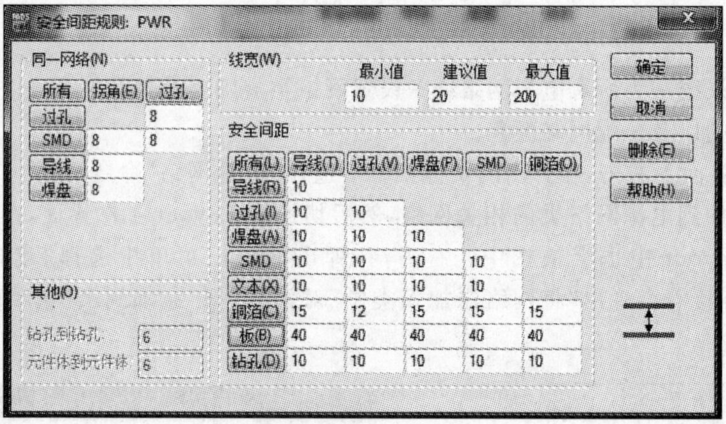

图 11.9 "安全间距规则:PWR"对话框

11.2.5 分配 PWR 网络类颜色

接下来为 PWR 网络类所包含的每一个网络各自分配一种颜色,目的是为了更直观地区分电源网络和信号线网络。在 PCB 界面中输入快捷键 Ctrl+Alt+N,弹出"查看网络"窗口。单击"选择依据",选择创建的 PWR 网络类,分别为该网络类所包含的每一个网络各分配一种颜色,如图 11.10 所示。

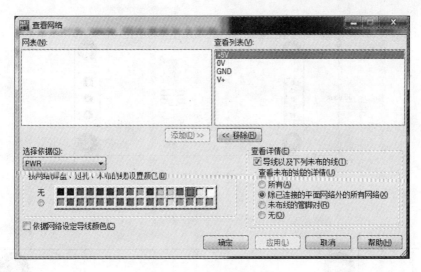

图 11.10　"查看网络"窗口

11.3　PCB 布局

11.3.1　隔离

隔离是指将元件、电路和平面与其他功能设备、区域和子系统分隔开。RS485 总线需要隔离处理，原因是：

> RS485 总线的使用环境非常复杂，一些恶劣的使用场合会存在高压，极容易产生触电危险，危及人身或设备安全。

> 由于地电势差存在，远端无法接收到数据。

> 地环路影响数据接收，或损坏器件。

解决方法采用隔离收发器。总线和控制电路进行电气隔离，将高压阻挡在控制系统之外。隔离可以抑制由接地电势差、接地环路引起的各种共模干扰，保证总线在严重干扰和其他系统级噪声存在的情况下不间断、无差错运行。

本案例的隔离器件有：U1、U2、U3 的光耦和 T1 的 DC-DC 电源隔离模块。

11.3.2　器件摆放

从图 11.1 的原理图可以看出信号流向，布局相对简单。

(1) 确定 J1、J2 两个插座以及 U4 RS485 收发器在板中放置的位置，如图 11.11 所示。

(2) 摆放 U1、U2、U3 这 3 个光耦以及 T1 DC-DC 电源隔离模块。这 4 个器件隔离 J1 和 U4 信号、电源的作用(光耦隔离信号，DC-DC 隔离电源)。建议这几个器件根据信号流向摆在同一竖直线上，方便后期覆铜甚至挖空处理，如图 11.12 所示。

(3) 摆放 DC-DC 隔离芯片的输入、输出电容以及靠近 J2 插座的几个 ESD 器件。其中的 TVS 管必须靠近 J2 放置，如图 11.13 所示。

至此，该板的核心器件已摆放完成，最后根据信号流向把其他小器件摆放至板中。布局完成后，可以打开飞线验证布局的合理性，如图 11.14 所示。

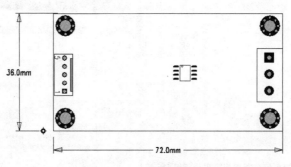

图 11.11　摆放插座和 IC

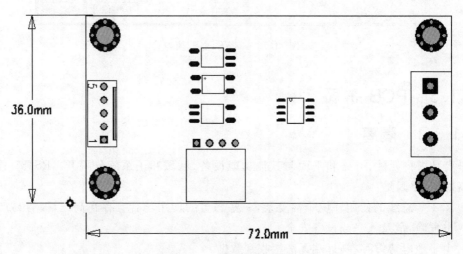

图 11.12　摆放隔离芯片

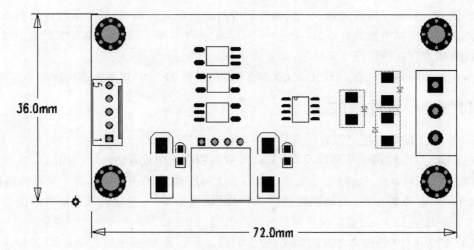

图 11.13　摆放电容、ESD 器件

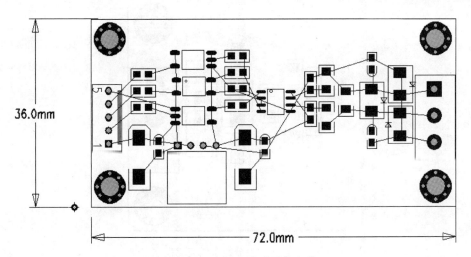

图 11.14　布局完成后开启飞线

11.4　布线

布局完成后，可以开始布线，布局时注意要把电源线加粗。本案例需要对 RS485 的 A、B 线按差分线处理，网络如图 11.15 中的标注所示。差分线设置参照第 10 章步骤。

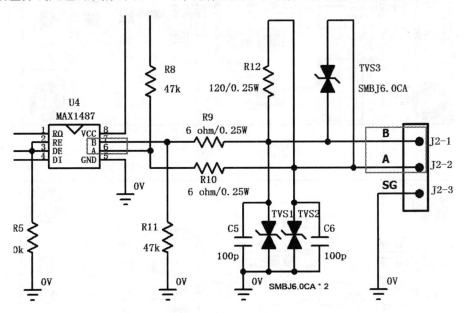

图 11.15　RS485 差分网络

差分线布线完成图如图 11.16 所示。

接着完成其他网络布线，效果如图 11.17 所示。顶层和底层布线示意图如图 11.18、图 11.19 所示。

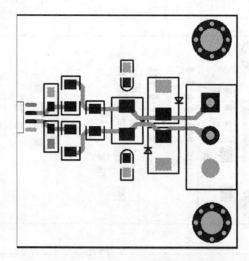

图 11.16　差分线布线完成图

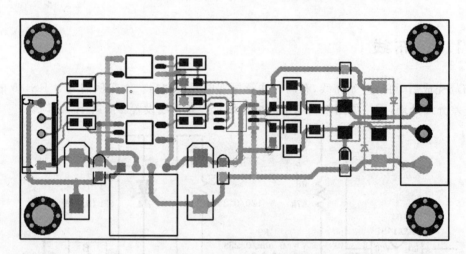

图 11.17　整板布线示意图

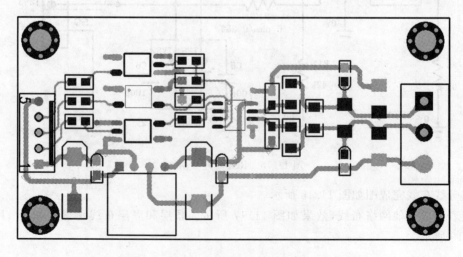

图 11.18　顶层布线示意图

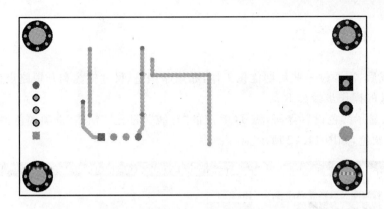

图 11.19　底层布线示意图

11.5　覆铜

　　顶层和底层覆铜效果如图 11.20 和图 11.21 所示。从这两幅图可以看出，由于 DC-DC 隔离芯片把输入、输出的两个地隔离了，所以在顶层和底层覆地铜时，两片地铜不存在交集。光耦和 DC-DC 隔离模块底下建议不覆地铜。

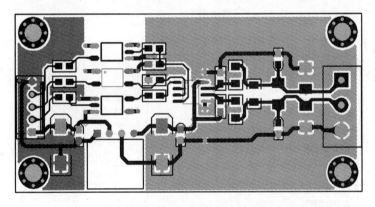

图 11.20　顶层覆铜效果示意图

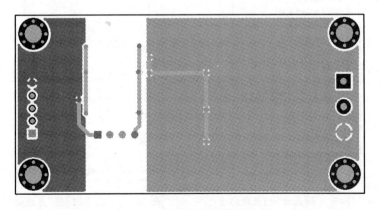

图 11.21　底层覆铜效果示意图

11.6 摆放丝印

设计完成后,需要做一些后期优化工作,如丝印调整、尺寸标注和开短路设计验证。
丝印调整的操作步骤如下。

(1) 进入显示颜色设置界面,将 TOP 层的"导线""过孔""铜箔"选项颜色关闭,选中"参考编号"选项颜色,如图 11.22 所示。

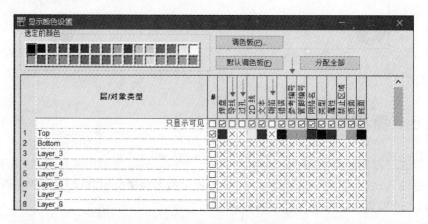

图 11.22 TOP 层"显示颜色设置"窗口

(2) 在 PCB 空白处右击,在弹出的快捷菜单中执行"筛选条件"命令。如图 11.23 所示。随后进入"选择筛选条件"窗口,选中"标签"复选框,其余不选中,如图 11.24 所示。

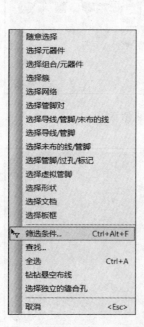

图 11.23 "筛选条件"菜单命令

图 11.24 选中"标签"复选框

（3）框选整板，或按下快捷键 Ctrl＋A，将整板元器件的参考编号进行全选。再右击，在随后弹出的快捷菜单中执行"特性"命令。进入"元件标签特性"窗口，如图 11.25 所示，进行相应的设置。

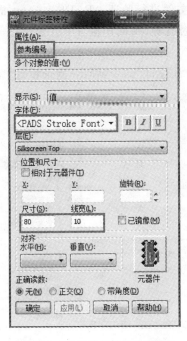

图 11.25 "元件标签特性"窗口

（4）单击"确定"按钮后，返回 PCB 界面。然后单击"设计工具栏"的"移动参考编号"图标，如图 11.26 所示。选择相应的元件编号进行移动并放置。完成后的效果如图 11.27所示。

图 11.26 "移动参考编号"图标

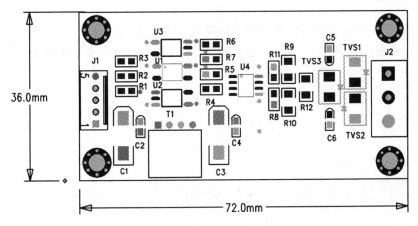

图 11.27 丝印摆放示意图

11.7　设计验证

设计完成后,需要对设计文件进行验证。PADS Layout 提供的验证设计工具可以验证安全间距、连接性、高速、最大过孔数、平面连接、DFM 等信息。本案例只需要验证安全间距和连接性。

打开"工具"菜单,选择"验证设计"命令,弹出"验证设计"窗口,如图 11.28 所示。

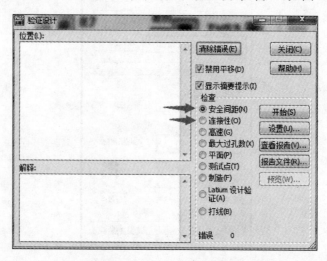

图 11.28　"验证设计"窗口

在检查安全间距之前,需要将整个 PCB 区域置于屏幕可视范围内(可以通过按下 Ctrl+B 快捷键来实现)。

11.8　输出设计资料

本小节的具体操作步骤请参照第 9 章。

本章小结

本章介绍了工业领域应用广泛的通信协议 RS485 的 PCB 设计。所述例子中的电源使用 DC-DC 隔离变压器,数据信号采用光耦隔离。在 PCB 设计中,要注意隔离区域的元器件布局和走线。

第12章

CHAPTER 12

案例实战（3）：武术擂台

机器人主控板设计

一般的控制类电路由 MCU 模块、电源模块、信号输入输出模块等组成，其中信号输入输出模块由应用需要决定。对于复杂电路的 PCB 布局方法可采用模块拾取、观察信号流。在布线时按模块分别扇出，再进行互连操作。

12.1 设计背景

本章讲解一款机器人主控板的设计。该设计基于"中国机器人大赛暨 RoboCup 公开赛"武术擂台非标无差别(1V1)项目。双方参赛队伍需各自制作 1~2 台机器人在擂台上进行对抗性比赛，参赛机器人如图 12.1 所示。

图 12.1 擂台车机器人

要求设计的机器人在保证自己不掉下擂台的情况下，识别对方机器人，并把对方机器人赶下擂台。实现上述功能，需要设计以下电路：

> 单片机控制最小系统电路；

> 电机驱动电路；

> 传感器驱动电路；

> 控制系统电源电路。

12.2 设计前准备

12.2.1 发送网表

把原理图的网表发送到 PCB,再把元器件的顺序打乱,如图 12.2 所示。

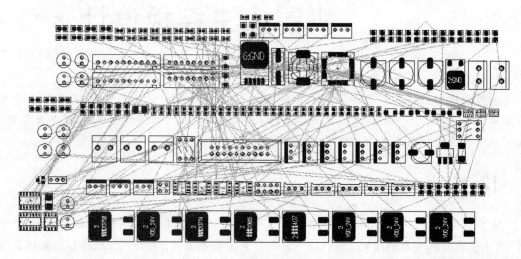

图 12.2 打乱元器件顺序

12.2.2 绘制板框

这块板的尺寸由于受到擂台车结构的限制,需要做成矩形。通过单击绘图工具栏图标 ,单击板框和挖空区域图标 ,可以绘制矩形的板框。也可以从 AutoCAD 导入已经绘制好的板框文件(.dxf)。导入后可把定位孔位置确定好,并设置成胶粘模式,如图 12.3 所示。这个板为两块板拼板,下面那块板是机器人主控板,上面那块是 LED 灯板(用于检测红外传感器的电平状态,LED 灯板 Layout 不作具体讲解)。

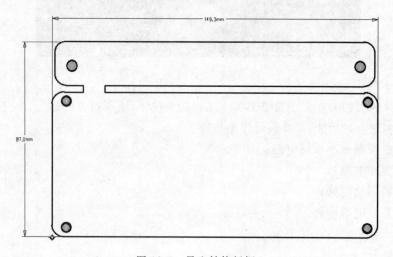

图 12.3 导入结构板框

12.2.3　显示颜色设置

按下 Ctrl＋Alt＋C 快捷键，弹出"显示颜色设置"窗口，如图 12.4 所示。对各个对象设置自己喜欢的颜色，或者在"配置"一栏中选择自己过往保存的颜色设置。

综合考虑成本、器件密度、Layout 难度等因素，使用双面板可以完成设计，所以不需要添加内层。

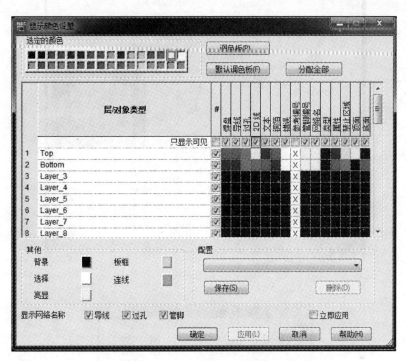

图 12.4　"显示颜色设置"窗口

12.2.4　过孔种类设置

在设置过孔前，把设计单位切换成英制密尔。打开"设置"菜单，选择"焊盘栈"命令，弹出"焊盘栈特性"对话框。"焊盘栈类型"选择"过孔"，添加两种过孔，一种用于信号，另一种用于电源。信号线的过孔设为 13/26(13mil 的钻孔尺寸，26mil 的直径)，电源线的过孔设为 28/45，如图 12.5 所示。

12.2.5　默认线宽、安全间距规则设置

把整板默认线宽、安全间距设为 10mil。打开"设置"菜单，选择"设计规则"命令，弹出"规则"对话框，如图 12.6 所示。单击"默认"菜单，选择"安全间距"命令，弹出"安全间距规则：默认规则"对话框，铜箔与过孔间的安全间距可以设为 10mil，具体设置如图 12.7 所示。在本案例中也可以使用 8mil 作为默认线宽和安全间距，因为单片机使用 10mil 的线宽出线，对安全间距规则验证时会报错，这个错误可以忽略，不影响生产和实际使用。

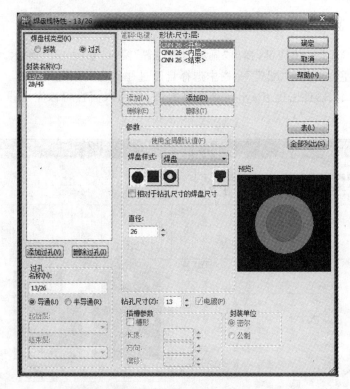

图 12.5 过孔种类设置

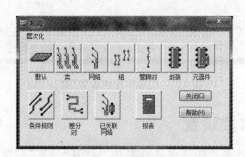

图 12.6 "规则"对话框

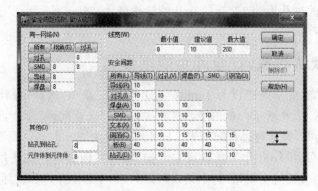

图 12.7 "安全间距规则：默认规则"对话框

12.2.6 默认布线规则设置

单击图 12.6 中的"默认"菜单，选择"布线"命令，弹出"布线规则：默认规则"对话框。把所有的走线层和过孔都添加到右边选定一栏，如图 12.8 所示。

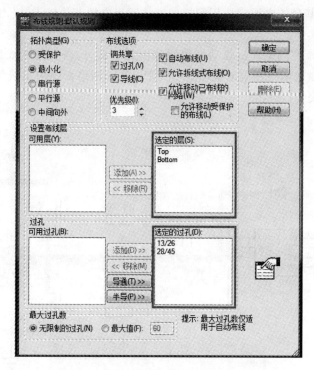

图 12.8 "布线规则：默认规则"对话框

12.2.7 建立类及设置类规则

建立网络类的目的是方便一部分特殊的网络统一设置或修改规则。本章案例为简单的双面板，没有差分线、DDR 信号等特殊信号线。为了方便，把电流稍大的网络统一添加到 PWR 网络类即可。

在本章案例中，流经电流较大的主要有：电源模块电路和电机驱动模块电路。结合原理图，分析这两个模块相关的网络。图 12.9 是本章案例其中一个电源模块。

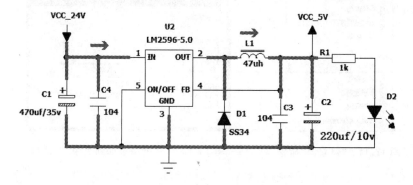

图 12.9 LM2596-5.0 电源模块

　　图 12.9 是 LM2596-5.0 电源模块原理图。图中加粗的网络都是有可能流过大电流的网络,在走线时需要加粗线宽或者加铜皮。图中箭头方向代表电流流动方向,电流从 24V 输入经输入滤波电容到电源芯片的输入管脚。2 号脚是电源芯片的输出管脚,经电感、电容滤波输出 5V。图中加粗的网络均需要添加到 PWR 网络类中。电源模块的反馈线在实际走线时也要加粗。其余的电源模块用同样的方法找出电源芯片输入、输出、地相关的网络并添加到 PWR 网络类中。

　　图 12.10 是本章案例电动机驱动模块原理图的一部分,需要把走线加粗的网络有:电动机驱动芯片 U5 供电网络和电动机与 MOS 管相连的网络。图中走线加粗的网络均需要添加到 PWR 网络类中。

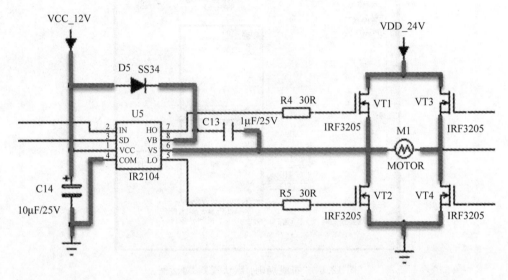

图 12.10　电动机驱动模块

　　下面介绍一个快速创建网络类的方法。首先把 Logic 和 Layout 同步,在 Logic 界面下右击,在弹出的快捷菜单中选择"选择网络"命令,按住 Ctrl 键,依次选中所有需要添加到 PWR 网络类的相关网络。然后切换到 Layout 工作界面(在 Logic 被选中的网络在 Layout 中会被选中),右击,在弹出的快捷菜单中选择"建立类"命令,如图 12.11 所示。接着会弹出"将网络添加到类中"对话框,把"添加到类"选项改为"PWR",如图 12.12 所示。

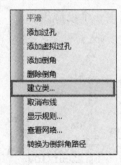

图 12.11　"建立类"命令

图 12.12　"将网络添加到类中"对话框

单击图12.6"类"命令，弹出"类规则"对话框，可以看到新建立的 PWR 网络类，如图12.13所示。可以随意添加或移除该网络类所包含的网络并且设置线宽、安全间距及布线规则。

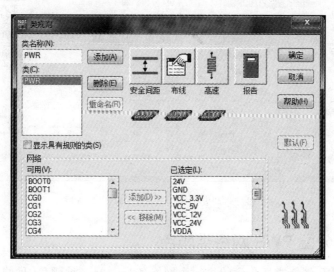

图 12.13 "类规则"对话框

单击图12.13中的"布线"命令，弹出"布线规则：PWR"对话框，主要查看布线层和过孔是否正确添加，如图12.14所示。单击图12.13"安全间距"命令，弹出"安全间距规则：PWR"对话框，推荐设置如图12.15所示，实际走线线宽应根据实际情况作调整。

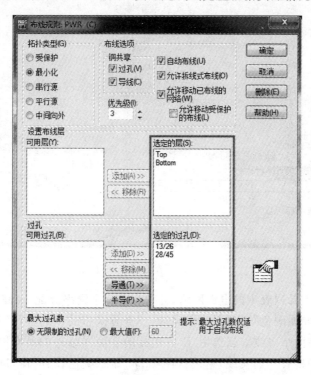

图 12.14 "布线规则：PWR"对话框

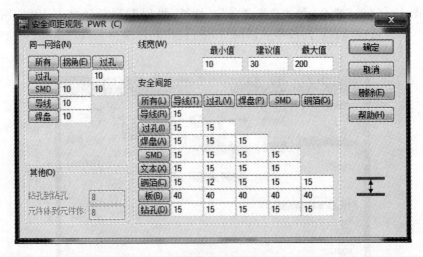

图 12.15 "安全间距规则: PWR"对话框

12.2.8 分配 PWR 网络类颜色

接下来对 PWR 网络类所包含的每一个网络各自分配一种颜色, 目的是为了更直观地区分电源网络和信号线网络。在 PCB 界面中按下 Ctrl+Alt+N 快捷键, 弹出"查看网络"窗口。单击"选择依据", 选择创建的 PWR 网络类, 如图 12.16 所示。

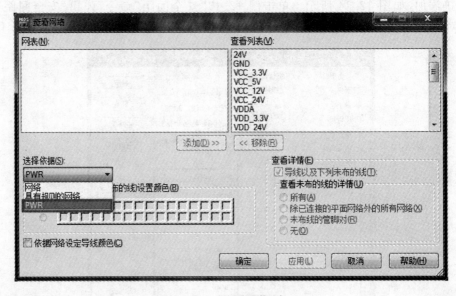

图 12.16 "查看网络"窗口

单击图 12.16 查看列表中的电源网络, 分别为每一个网络分配一种颜色, 如图 12.17 所示, "依据网络设定导线颜色"选项不建议勾选。"查看未布的线的详情"选项建议选中"无"复选框, 意为关闭该网络飞线。当选中"除已连接的平面网络外的所有网络"复选框则会显示该网络的飞线, 如果看不到飞线, 请确认图 12.4"显示颜色设置"窗口中的"连线"选项是否为其分配一种颜色, 然后返回主界面, 输入无模命令"ZU"打开/关闭飞线。

图 12.17　为电源网络分配颜色

12.3　布局

12.3.1　拾取模块

在 PCB 设计中，一个很重要的原则就是根据模块布局，把同属一个模块的器件紧凑地放在同一个区域。从图 12.2 可以看到，整块板所有的器件是混在一起，需要对每一个模块的器件拾取出来。

首先把 Logic 和 Layout 进行交互，在 Logic 主界面下右击，在弹出的快捷菜单中选择"选择元件"命令。用鼠标框选出同属一个模块的元器件，切换到 Layout，会发现在 Logic 选中的器件在 Layout 也同时被选中，右击，在弹出的快捷菜单中选择"分散"命令，如图 12.18 所示。重复上述操作，把整板元器件大概划分出 6 个部分，如图 12.19 所示。

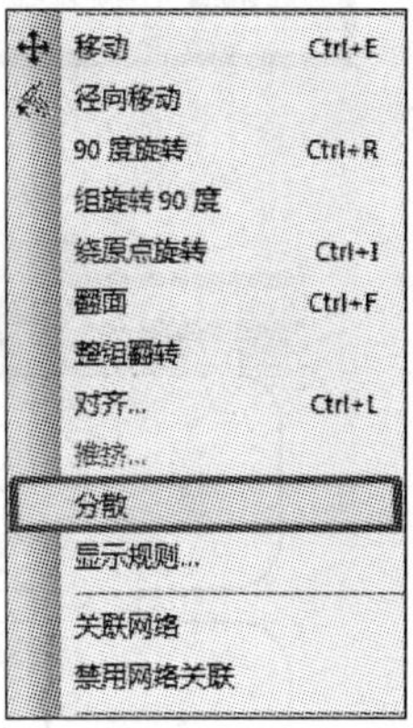

12.3.2　规划各模块在板中位置

在布局前要提前规划各个模块在板上的大概位置。可以选择一个不用的层（例如 Layer_10），画几根 2D 线把板子划分几个区域，如图 12.20 所示。从图中可以看到各模块在板子摆放的大概位置。

图 12.18　"分散"命令

对模块分布图简单分析如下：

➢ MCU 模块放在整板的中心位置，是整板的核心模块。

➢ 电动机驱动模块可以放在板子的左边或者右边，根据实际情况决定，例如接线是否方便、MCU 互连的信号线是否顺畅。从图 12.19 可以看出该电机驱动模块有多个 MOS 管，MOS 管的封装较大，板子空间决定了该模块不能放在板子的上面或下面。

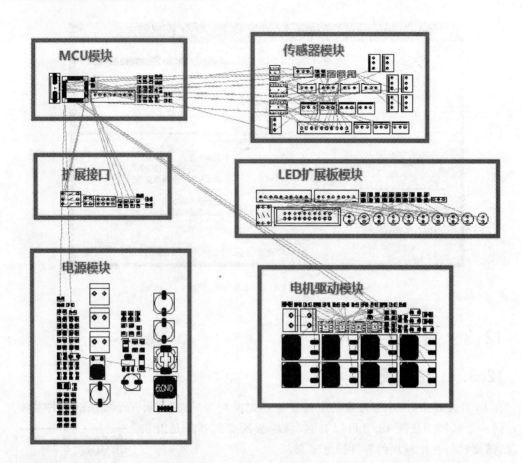

图 12.19 拾取模块

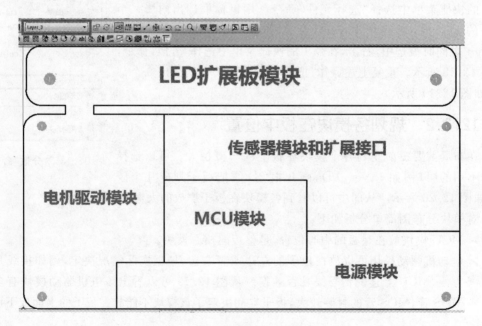

图 12.20 各模块分布规划图

➤ 确认好 MCU 和电机驱动模块的大概位置后,要确认电源模块的摆放位置,需要考虑电源在哪里输入。

➤ 最后剩下的空间就是放传感器模块以及其他扩展的模块。

12.3.3 观察整板信号流向

接下来把各个模块的元器件塞到板子里面,可以先输入无模命令 DRO,把在线 DRC 关掉,布局时建议不打开在线 DRC,完成后如图 12.21 所示。

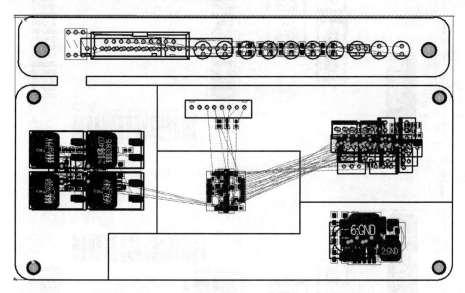

图 12.21 各模块之间信号流向示意图

从图 12.21 可以看到除电源模块外其他各个模块之间互连的飞线,这是由于在分配 PWR 网络类时,把电源网络的飞线关闭。之所以先把各个模块的器件重叠在一起,是为了更清晰地观察整板的信号流向,可以根据这些飞线来指引布局。这就是布局的一个原则:根据信号流向布局。

同时,这样做的目的也可以验证布局的合理性。从图 12.21 中可以看出整板飞线比较顺畅,如果飞线交叉得很乱,那就要需要调整每个模块的摆放位置或者对 MCU 的管脚再进行合理分配。

12.3.4 MCU 模块布局详解

对单个模块布局时一般先摆放大元器件,再到小元器件,核心、重要元器件优先摆放。本案例 MCU 模块由 MCU、晶振电路、复位电路、去耦电容、BOOT 配置电阻组成。MCU 模块的布局,优先摆放 MCU 以及晶振电路,首先根据飞线来确认 MCU 摆放的方向。MCU 摆放确定后,晶振电路摆放位置随即确定。晶振电路摆放顺序推荐两根时钟线从 MCU 出来后先经过 1MΩ 贴片电阻,再经过两个 22pF 起振电容,最后到晶振,如图 12.22 所示。然后摆放去耦电容,MCU 每个电源管脚的附近都要摆放一个 $0.1\mu F$ 的去耦电容,该电容起到滤波作用。去耦电容必须靠近 MCU 的电源管脚摆放同时兼顾地管脚。由于这个 MCU 电源管脚较少,去耦电容放正面或背面都可以,本案例的去耦电容放在板背面,如图 12.23

所示。

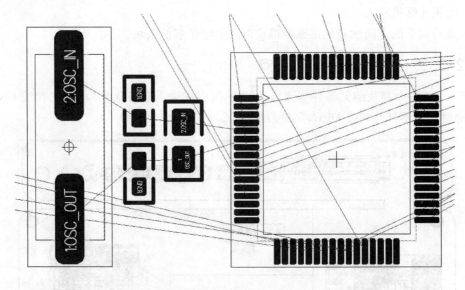

图 12.22　摆放 MCU 和晶振电路

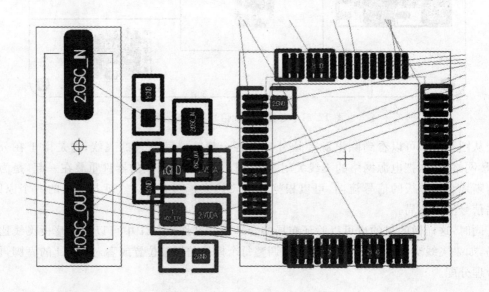

图 12.23　摆放去耦电容

接着摆放复位电路。复位电路要求靠近 CPU；同样要注意：复位芯片的去耦电容要靠近复位芯片。最后摆放 BOOT 配置电阻，这几个电阻没有特别的摆放要求。MCU 模块整体布局完成后如图 12.24 所示。注意：这个布局只是大概，实际走线时可进行微调。

12.3.5　电源模块布局详解

本章案例电源部分由 3 个电源模块组成，分别是 LM2596-5.0 电源模块（24V 转 5V 输出）、LM7812 电源模块（24V 转 12V 输出）、AMS1117-3.3 LDO 模块（5V 转 3.3V 输出）。原理图如图 12.25 所示。根据原理图画出电源流向图，从而确定每个电源模块具体摆放位

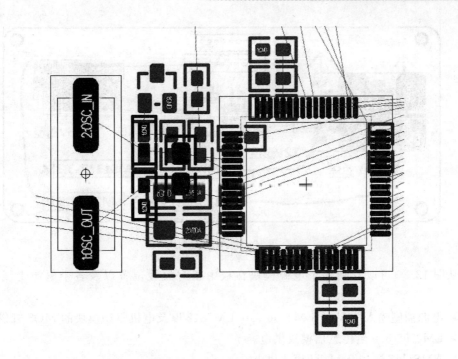

图 12.24 MCU 模块布局

置，如图 12.26 所示。

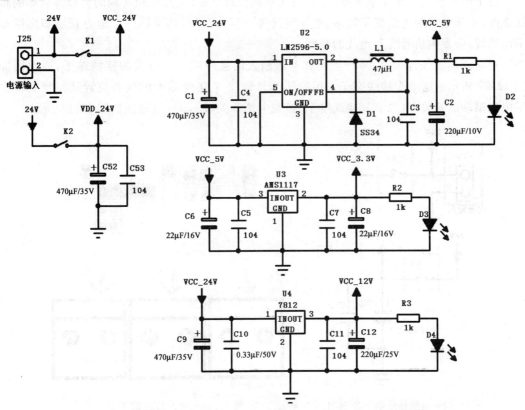

图 12.25 电源模块原理图

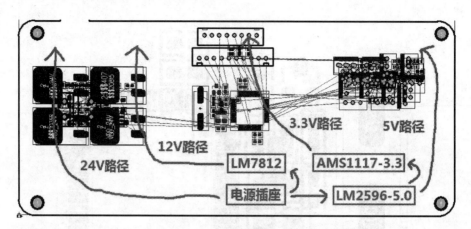

图 12.26　电源流向图

从图 12.26 可以看到每个电源模块在板中相对放置位置以及各个电源走线路径的规划：

➢ 电源插座输入 24V 给 LM2596-5.0、LM7812 以及电机驱动模块的 MOS 管供电。

➢ LM2596-5.0 给传感器模块供电。

➢ AMS1117-3.3 给 MCU 模块供电。

➢ LM7812 给电机驱动芯片供电。

各个电源模块走线互不干涉，尤其是在双面板设计中，电源模块布局的合理性会影响布线难度，如果电源的走线交叉较多，电源线就必须打孔换层，如果同一个地方顶层和底层布满电源线，会影响信号线和地线的布线。

对电源模块进行布局，第一步先放电源输入的接线端子和开关的接线端子，原理图如图 12.27 所示。这 3 个接线端子采用相同的封装，3 个接线端子的摆放位置从左到右依次是电机驱动的开关、电源输入接线端子、控制电路开关，Layout 示意图如图 12.28 所示。

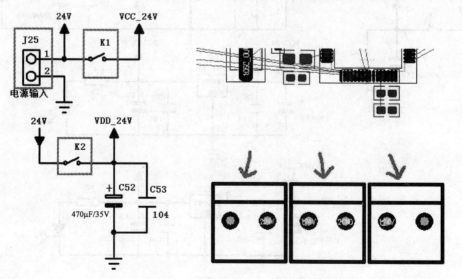

图 12.27　电源接线端子原理图　　　　图 12.28　电源接线端子布局

　　LM2596-5.0 原理图如图 12.29 所示。布局时，要先摆放和电源主干相关的器件，分别是图 12.29 中的 C1、C4、U2、L1、C3、C2。在布局时注意：C4 需要靠近电源芯片的 1 号脚摆放(小电容靠近电源管脚摆放是因为小电容的滤波半径小)，这时需要给电源芯片的输入和输出通道留有足够的空间。

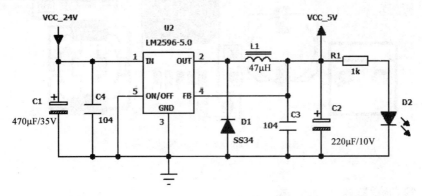

图 12.29　LM2590-5.0 模块原理图

　　在布局时要考虑电源模块的单点接地(注：单点接地，就是输入滤波电容的地、电源芯片的地和输出滤波电容的地以最短距离共到一个点上)，如图 12.30 所示。

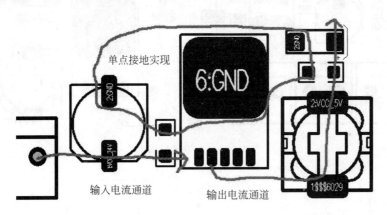

图 12.30　LM2590-5.0 模块主干元件布局

　　然后再把续流二极管和电源指示灯电路放上即可。布局要求续流二极管靠近电源输出管脚摆放(同时注意不能挡住电源输出的走线通道)，电源指示灯电路放在正面即可。布局完成后如图 12.31 所示。

　　另外两个电源模块比这个简单，使用同样的方法处理，布完局后压缩一下 3 个模块所占用的空间，如图 12.32 所示。

12.3.6　电动机驱动模块布局详解

　　电动机驱动模块采用 IR2104S 驱动两个直流电机，该电机驱动模块的原理图如图 12.33 所示。

　　该模块在布局时，优先考虑 MOS 管的摆放位置，这是因为 MOS 管封装大，占用空间多。4 个 MOS 管可以选择放同一层，也可以选择顶、底层各放两个 MOS 管顶底正对贴。

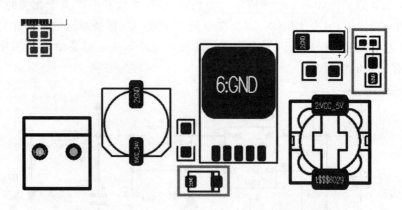

图 12.31　LM2590-5.0 模块布局

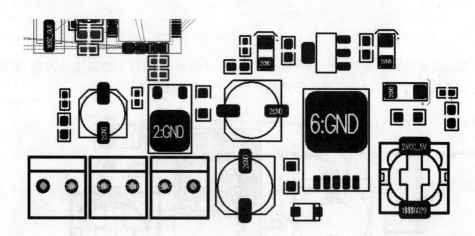

图 12.32　电源模块布局

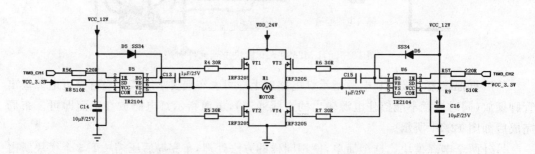

图 12.33　电动机驱动模块的原理图

本章案例采用 4 个 MOS 管都放同一层的方案,因为板子空间足够大,且有利于散热。4 个 MOS 管和电机接口的布局如图 12.34 所示。

摆完 MOS 管后,就可以摆放控制电路,控制电路布局没有特殊要求,根据飞线摆在一起,尽量紧凑就行,完成后如图 12.35 所示。另外一个电机驱动模块也是按照同样的模式布局。

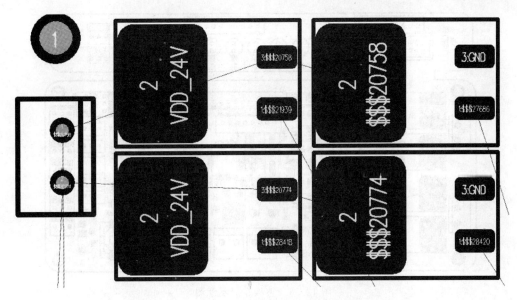

图 12.34 摆放 MOS 管

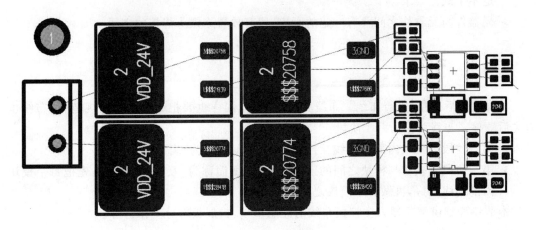

图 12.35 电动机驱动模块布局

12.3.7 传感器模块布局详解

电动机驱动模块的布局完成后,剩下的空间就用来摆放传感器模块的器件和其他插座等。注意传感器的接口靠板边放,每个接口的供电管脚配一个去耦电容,按照飞线指引紧凑地摆放器件即可。当发现板子放不下器件时,就要开始想办法去压缩其他模块所占用的板子空间,甚至有时还需要修改原理图删除一些器件,整板布局示意图如图 12.36 所示。

布局完成后,还需要评估整板布局的合理性,例如:

➢ 整板飞线是否出现飞线严重交叉。

➢ 数字和模拟电路有没有隔离(在这里电机驱动 MOS 管属于模拟电路,MOS 管的地和 MCU 的地不能混在一起)。

➢ 电源模块主干走线或覆铜皮时是否存在瓶颈。(即有些地方走不了粗的电源线,满

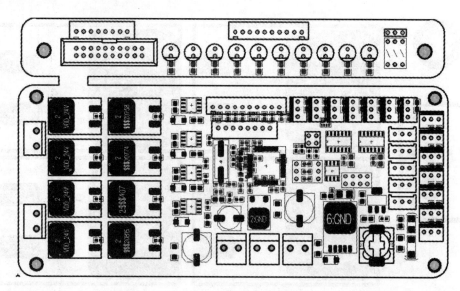

图 12.36　整板布局示意图

足不了载流要求。)

➢ 元器件与元器件之间要有一定的距离,留有放置烙铁头焊接的空间。

12.4　布线

布局完成后,可以进行布线。布线和布局一样,同样也要把布线的流程规范化,布线也有先后顺序。布线可分为两个阶段:

➢ 第一阶段为模块内部的走线互连和扇出,下面简称为"扇出"。

➢ 第二阶段为模块与模块之间的走线互连,下面简称为"互连"。也就是先把每个模块内部的线连好,再做各个模块之间的互连。

本节将详细讲解机器人主控板布线的注意事项,扩展板部分不作讲解。

12.4.1　MCU 模块扇出

扇出时,建议从 MCU 模块、电机驱动模块、电源模块任一模块开始做起。下面从 MCU模块的扇出做起。走线时,优先走重要的线,在 MCU 模块,晶振的两根时钟线最为重要,应当优先走。由于这是无源晶振,两根时钟线要走成类差分,时钟线线宽加粗(推荐为10mil),而且最好要立体包地(由于这块板是双面板,MCU 速率不高,板子走线空间有限,在这里就不包地),完成后如图 12.37 所示。

然后可以把 MCU 电源、地管脚线引来,添加过孔与背面的去耦电源连接,这里同样应注意,电源线、地线都要加粗(芯片电源、地管脚线宽加粗至与其焊盘相同的宽度),完成后如图 12.38 所示。

复位电路以及 BOOT 配置电阻的走线,遇到有 GND 网络的管脚可以先不用管,双面板到最后再处理地网络的走线。把上述走线处理好之后,再去处理 MCU 的信号线,把 MCU的信号线根据飞线流向引出来,如果能在顶层完成连接就直接接上,或者以没有过孔的方式

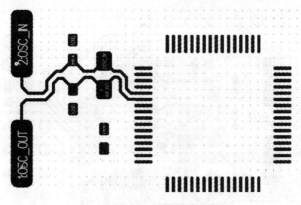

图 12.37　晶振电路类差分走线

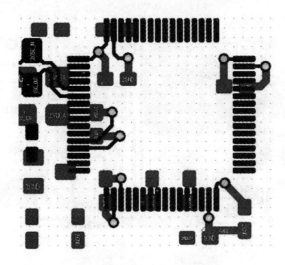

图 12.38　MCU 去耦电容连接

结束走线，不能顶层直接连通时，可以选择把导线引出来以过孔方式结束走线。整个模块扇出完成后如图 12.39 所示。

12.4.2　电源模块扇出

本小节讲解 LM2596-5.0 电源模块扇出以及相关注意事项。

该模块需要处理主干是电源的输入、输出。可以走线或者覆铜皮，只要保证线宽足够宽，可满足载流且不存在走线瓶颈即可，如图 12.40 所示。

给电源芯片的散热焊盘添加散热过孔，这个步骤十分重要，如果电源散热做得不好，会影响电源的性能。下面讲解一种快速添加散热过孔的方法，首先选中需要打散热过孔的焊盘，输入无模命令 SO，把原点定在散热焊盘上。输入无模命令 O，把界面转成透明方式显示。通过无模命令 G 和 GD 可以调节设计栅格和显示栅格至适合的大小，如图 12.41 所示。

右击，在弹出的快捷菜单中选择"选择网络"命令，选择 GND 网络，然后右击，在弹出的快捷菜单中，选择"添加过孔"命令，便可以按照栅格整齐地添加散热过孔，如图 12.42 所示。

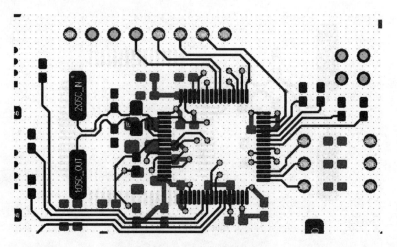

图 12.39　MCU 模块扇出

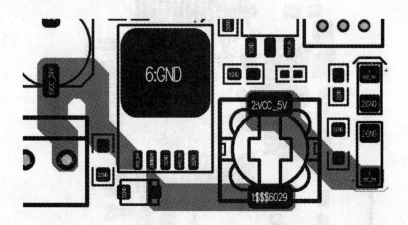

图 12.40　电源主干覆铜皮

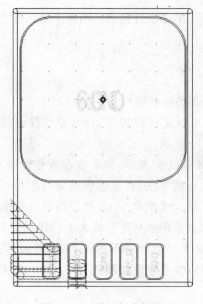

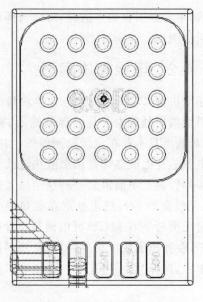

图 12.41　设置焊盘栅格　　　　　　图 12.42　添加散热过孔

然后处理电源模块的反馈信号线，从图12.29可知，电源芯片的FB管脚是用来采样输出电压的，需要在FB管脚单独连一根15mil左右的线到电源模块最后一个输出电容，以进行输出电压采样，如图12.43所示。

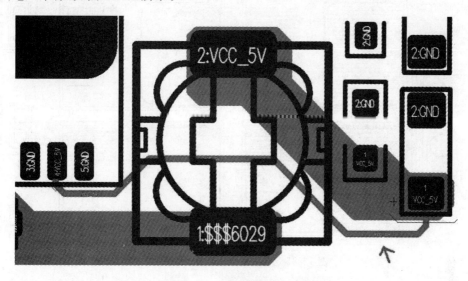

图12.43　单独走反馈信号线

最后把剩下的线走完，地管脚可连上就直接连上，如果不能，则以过孔方式结束走线。每个地管脚的附近都要有地过孔，便可完成该电源模块的扇出，完成后如图12.44所示。另外两个电源模块也用相同的思路进行扇出。

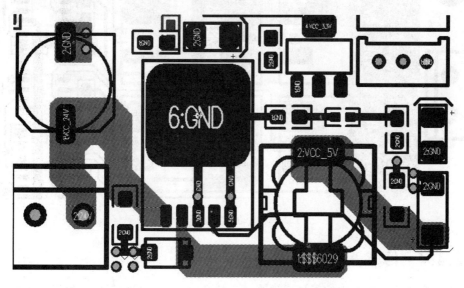

图12.44　LM2596-5.0电源模块扇出

12.4.3　电动机驱动模块扇出

电动机驱动模块的扇出和电源模块的处理步骤一样，先处理主回路，再处理控制回路。

由于电动机驱动主回路的电流比较大,建议主回路覆铜皮。过孔也要相应地多打,且注意不要过密。电机驱动主回路扇出如图 12.45 所示。

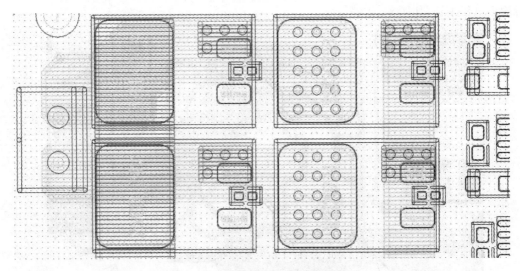

图 12.45　电机驱动模块主回路扇出

把主回路处理好后,再把控制电路的线连起来,就完成这个模块的扇出了,如图 12.46 所示。

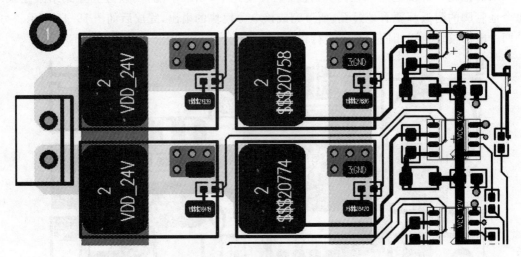

图 12.46　电动机驱动模块扇出

12.4.4　传感器模块扇出

传感器模块是机器人主控板最后需要处理的模块,该处理相对简单,根据飞线把线接上即可,如图 12.47 所示。整板各个模块扇出效果如图 12.48 所示。

12.4.5　互连

"互连"是布线的最后一步,也是最简单的一步,前提是前面的扇出能按部就班地做好。

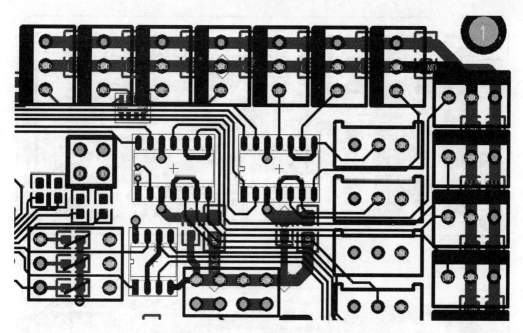

图 12.47 传感器模块扇出

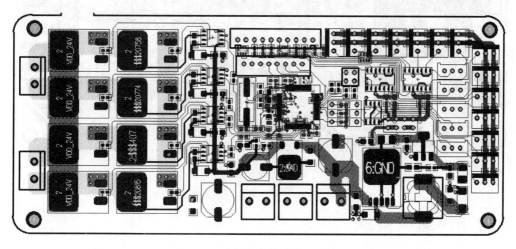

图 12.48 整板各个模块扇出示意图

若把整板飞线打开,会发现还有很多的线没有连接,如图 12.49 所示。

从图中的飞线可以看出,板中剩下的都是一些零散的电源、信号线以及大部分接上的地线。优先去连通电源、信号线,最后再连通地线(地线要先连好再灌铜,优先保证连接性),完成后如图 12.50 所示。

把走线连通后,打开"工具"菜单,选择"验证设计"命令,弹出"验证设计"对话框。主要检验"安全间距"和"连接性"这两项。先把整板的安全间距解决后,才能进行下一步操作。

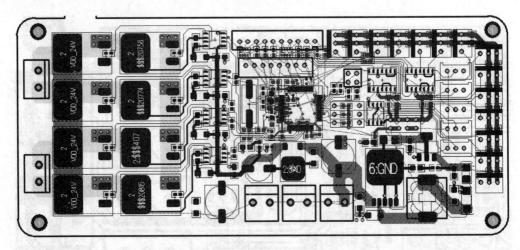

图 12.49 打开整板网络飞线

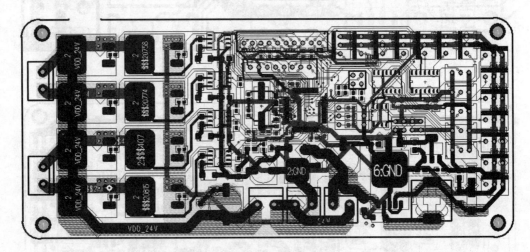

图 12.50 整板走线连通

12.5 灌铜处理

灌铜主要是针对地网络,通过对地灌铜可以增加地的面积,从而使地的等效阻抗降低,能有效地改善板子的 EMC、EMI 问题。本章案例是双面板,要求板子的顶层和底层空余处尽可能履上地铜,而且需要去除"死铜"。

需要注意的是,该板也不能直接灌地铜,因为该板存在两种地:一种是 MCU 的地(弱电流地),另外一种是电机驱动 MOS 管的地(大电流地)。虽然这两个地的网络都是 GND,但建议在设计时,两种地互不干涉各自连成一片,最后在某一个点把两个地"共"一起,一般选择输入大电容的地管脚作为两片地的唯一相接点。该板灌铜路径规划如图 12.51 所示。

在灌铜之前,打开"工具"菜单,选择"选项"命令,弹出"选项"对话框。单击"热焊盘"命令,把灌铜与焊盘的连接方式改成正交或者斜交(一般情况不选过孔覆盖,因为铜箔与焊盘全连接容易把烙铁温度散走,从而导致虚焊),设置如图 12.52 所示。

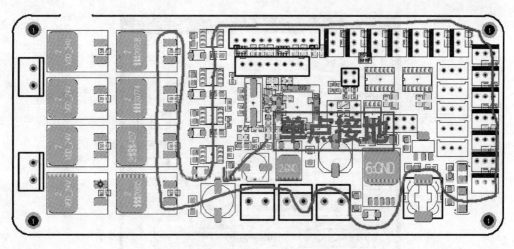

图 12.51　灌铜路径规划示意图

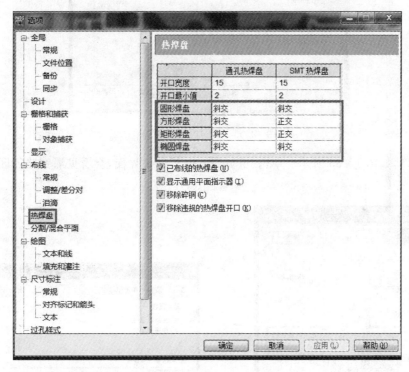

图 12.52　"热焊盘"选项设置

把设计栅格和显示栅格设成合适的大小，单击覆铜图标，右击，在弹出的快捷菜单中选择"多边形"和"斜交"。然后画灌铜区域，路径闭合后会弹出"添加绘图"对话框，单击"通过单击分配网络"选项选取板中 GND 网络，如图 12.53 所示。单击"灌注与填充选项"，弹出"灌注 填充选项"窗口，选中"过孔全覆盖"复选框（灌铜和过孔全连接），如图 12.54 所示。如果遇到不同网络间灌铜区域重合的情况时，需要设置"灌注优先级"一项，0 的灌注优先级最高，数字越大，则灌注优先级越低。

把顶层和底层的灌铜路径画好后，打开"工具"菜单，选择"覆铜管理器"命令，弹出"覆铜

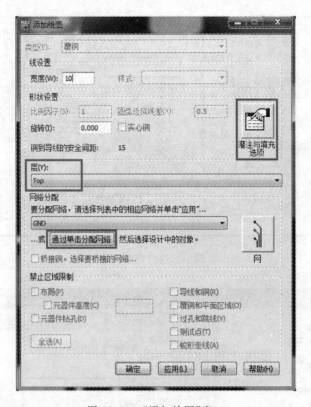

图 12.53 "添加绘图"窗口

管理器"窗口,如图 12.55 所示。单击"开始"按钮,返回主界面,会看见灌铜路径区域填充了
铜箔。

图 12.54 "灌注 填充选项"窗口

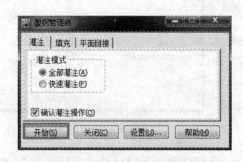

图 12.55 "覆铜管理器"窗口

灌铜后,需要手工检查灌铜,有的地方需要手工去补铜皮。而有的地方可能空间比较
小,灌铜面很窄,地线很细,这时会选择不让铜灌进去。图 12.56 为开关电源芯片 LM2596-
5.0 的灌铜效果图。从图中可以看出,电源芯片的散热焊盘与地平面相连的线很细,不符合
电源芯片的设计原则。这时需要手工去优化,单击铜箔图标 ▨,添加铜皮或者直接通过走
线补铜皮,优化后如图 12.57 所示。

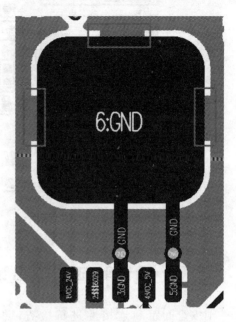

图 12.56　灌铜优化前　　　　　　　　图 12.57　灌铜优化后

　　仔细把顶层和底层的灌铜优化好后，再次打开"工具"菜单，选择"验证设计"命令，弹出"验证设计"窗口，验证"安全间距"和"连接性"这两项，把有问题的地方改好，便可以继续下一步操作。

12.6　丝印整理

　　打开"设置"菜单，选择"显示颜色"命令，弹出"显示颜色设置"对话框。选中"参考编号"命令，取消选中"导线"和"铜箔"复选框。返回主界面，按下 Ctrl＋Alt＋F 快捷键，弹出"选择筛选条件"窗口，只选中"标签"命令。返回主界面，用鼠标框选整板，便能选中整板的参考标号。按下 Ctrl＋Q 快捷键，弹出"元件标签特性"窗口，把"尺寸"和"线宽"分别设为 60 和 8，如图 12.58 所示。然后可以开始摆放丝印，如图 12.59 所示。把参考标号全部摆好后，还可以添加文本或者导入自己喜欢的 logo，以丰富板子的丝印。

　　把丝印调好后，机器人主控板的设计就完成了。最后生成 Gerber 文件或者板子的源文件，提交给板厂就可以打样。

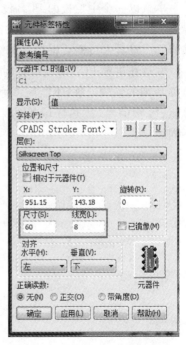

图 12.58　"元件标签特性"窗口

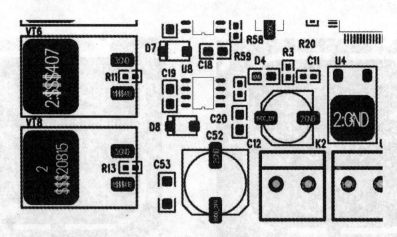

图 12.59　顶层丝印摆放图

12.7　设计验证和输出设计资料

对安全间距和连接性进行检查,并输出相关设计资料,详细操作请参照第 7 章和第 9 章。

本章小结

本章以一个主控板的 PCB 设计为例,向读者介绍了 PCB 设计的完整流程和一般参数设置。PCB 的布局没有固定的方法,需要考虑的因素较多,包括:电气性能、生产成本、安装维修等。设计人员需要根据具体情况来优化 PCB 布局。

本章在讲解 PCB 布线设计时,涉及"扇出"和"互连"的方法,读者可以仔细体会。对于 PCB 后期的灌铜处理,不能简单地通过划分一个区域,然后关联网络来完成,而需要分清信号流、敏感信号、散热区域等约束条件,以及区别铜箔(Copper)和覆铜(Copper Pour)的不同。

第 13 章

案例实战（4）：
4 层板设计实例

在设计多层 PCB 前，需要根据电路的规模、PCB 的尺寸和电磁兼容（Electro Magnetic Compatibility，EMC）的要求来确定采用的电路板结构，也就是决定几层板。确定层数后，再确定内电层的放置位置以及如何在这些层上分布不同的信号，这就是 PCB 的层叠设计。层叠结构是影响 PCB 板 EMC 性能的一个重要因素，也是抑制电磁干扰的一个重要手段。

13.1　合理的层数和层叠设计原则

在设计 PCB 时，首先涉及层数的设置。需要考虑的问题是实现电路要求的功能需要多少个布线层、接地平面和电源平面，而单板层数的确定与电路功能、目标成本、制造技术和系统的复杂程度等因素存在相互冲突。PCB 的层叠设计通常是在考虑各方面的因素后折中设计的。

13.1.1　合理的层数

单板层数的确定根据单板的电源、地的种类、信号密度、板级工作频率、BGA 的管脚排列及深度，以及综合单板的性能指标要求与目标成本而定。

高速数字电路和射频电路通常采用多层板设计。

13.1.2　层叠设计原则

多层板层叠应遵循的一般设计原则如下。

（1）元件面相邻层为地平面。主要的元器件通常放置在顶层，并且顶层的信号走线应尽量短。相邻的层设置为地平面。接地平面可以为元器件提供屏蔽和完整的参考平面。

（2）所有的信号层尽可能与地平面相邻。增加地层（地平面）通常作为 PCB 的 EMC 设计的有效方法之一。接地平面可以为走线的电流提供一个好的低阻抗的电流返回路径。在一些低成本的 PCB 设计中，限于成本压力，无法使信号层的相邻层就是地平面。因为这会增加层数，使成本上升。在层叠时，应尽量将重要信号线安排在最靠近地平面的那一层。

（3）关键信号线尽可能与地平面相邻。电源平面和接地平面可以为相邻信号走线的电流提供一个好的低阻抗的电流返回路径。信号层大部分位于这些电源或地参考平面层之间，即关键信号线优先走内层信号层。表层（顶层和底层）的信号走线尽量短，以减少走线产生的辐射。

（4）尽量避免两个信号层直接相邻。两个信号层相邻会给电路板带来较大的干扰。在设计层叠时应该尽量避免。如果不可避免，则两个信号层之间的走线要采用"横平竖直"的走线方式，不能重叠，或者加大两个信号层之间的层叠厚度。

（5）主电源尽可能与其对应地平面相邻。板上各主要芯片的工作电压大多数是3.3V，将它称为主电源，意为电路上主要芯片的工作电源。电源平面与地平面相邻可以为系统提供滤波效果较好的平面电容作用。

（6）确定电源和地平面的层数。单板的电源平面的层数由CPU（通常为BGA封装）的电源种类及电源管脚排列是否交错电磁EMI干扰所决定。同样地，多个接地参考平面（接地层）可以提供一个好的低阻抗的电流返回路径，减小共模电磁干扰。接地平面和电源平面应该紧密耦合，所以一个单板有两个电源层，那么也要有两个或两个以上的地层。

（7）兼顾层压结构对称。层叠还需要兼顾PCB的制造工艺和控制PCB的翘曲度。通常民用产品采用的IPC_II标准要求PCB的翘曲度要小于0.75%。

（8）采用偶数层结构。目前业界的层叠设计几乎全部是偶数层，而不是奇数层，这种现象是由多种因素造成的。

➤ 从电路板的制造工艺看，电路板中的所有导电层敷在芯板上，芯板的材料一般是双面覆铜板，导电层数为偶数。

➤ 从成本上看，因为奇数层印制电路板需要在芯板结构工艺的基本上增加非标准的芯板层压粘合工艺，所以加工成本和生产效率都不是很理想。在层压粘合以前，外面的芯板还需要附加的工艺处理，这增加了外层被划伤和误蚀的风险。这些都会大幅度增加制造成本。

➤ 层压粘合时，其内层和外层在冷却时，不同的层压张力会使印制电路板上产生不同程度的弯曲。而且随着电路板厚度的增加，具有两个不同结构的复合印制电路板弯曲的风险性就越大。奇数层电路板容易弯曲，翘曲度较难控制。

在设计时，可以采用增加电源层或地平面层的方式来解决。

13.2 多层板PCB层叠设计方案

13.2.1 四层板的设计

四层板通常包含2个信号层、1个电源平面层和1个接地平面层。四层板层叠设计方案如表13.1所示。

表13.1 四层板层叠设计方案

层 数	层叠方案一	层叠方案二	层叠方案三
第1层（顶层）	信号层（元器件、微带线）	信号层（元器件、微带线）	接地平面（元器件）
第2层	接地平面	电源平面	信号层
第3层	电源平面	接地平面	信号层
第4层（底层）	信号层（元器件、微带线）	信号层（元器件、微带线）	电源平面（元器件）

（1）层叠方案一：TOP、GND02、PWR03、BOTTOM。此方案为业界现行四层PCB的主选层设置方案。在主元件面（TOP层）下有一个完整地平面，为最优布线层。在层厚设置

时，地平面层和电源平面层之间的芯板厚度不宜过厚，以降低电源、地平面的分布阻抗，保证平面电容滤波效果。

（2）层叠方案二：TOP、PWR02、GND03、BOTTOM。如果主元件面设计在 BOTTOM 层或关键信号线布在 BOTTOM 层的话，则第 3 层需安排一个完整地平面。在层厚设置时，地平面层和电源平面层之间的芯板厚度同样不宜过厚。

（3）层叠方案三：GND01、S02、S03、GND04/PWR04。这种方案通常应用在接口滤波板、背板设计上。由于整板无电源平面，因此 GND 和 PGND 各安排在第一层和第四层。表层（TOP 层）只允许走少量短线，同样在 S02、S03 布线层进行覆铜，以保证表层走线的参考平面及控制层叠对称。

13.2.2　六层板的设计

六层板层叠设计方案如表 13.2 所示。

表 13.2　六层板层叠设计方案

层　　数	层叠方案一	层叠方案二	层叠方案三
第 1 层（顶层）	信号层（元器件、微带线）	信号层（元器件、微带线）	信号层（元器件、微带线）
第 2 层	接地平面	接地平面	信号层（埋入式微带线）
第 3 层	信号层（带状线）	信号层（带状线）	接地平面
第 4 层	电源平面	信号层（带状线）	电源平面
第 5 层	接地平面	电源平面	信号层（埋入式微带线）
第 6 层（底层）	信号层（元器件、微带线）	信号层（元器件、微带线）	信号层（元器件、微带线）

（1）层叠方案一：TOP、GND02、S03、PWR04、GND05、BOTTOM。此方案为业界现行六层 PCB 的主选层设置方案，有 3 个布线层和 3 个参考平面。第 4 层和第 5 层之间的芯板厚度不宜过厚，以便获得较低的传输线阻抗。低阻抗特性可以改善电源的退耦效果。第 3 层是最优的布线层，时钟等高风险线必须布在这一层，可以保证信号完整性和对 EMI 能量进行抵制。底层是次好的布线层。顶层是可布线层。

（2）层叠方案二：TOP、GND02、S03、S04、GND05、BOTTOM。当电路板上的走线过多，3 个布线层安排不下的情况下，可以采用这种层叠方案。这种方案有 4 个布线层和两个参考平面，但电源平面和地平面之间夹有两个信号层，电源平面与接地平面之间不存在任何电源退耦作用。由于第 3 层靠近地平面，因此它是最好的布线层，应安排时钟等高风险线。第 1 层、第 4 层、第 6 层是可布线层。

（3）层叠方案三：TOP、S02、GND03、PWR04、S05、BOTTOM。此方案也有 4 个布线层和两个参考平面。这种结构的电源平面/地平面采用小间距的结构，可以提供较低的电源阻抗和较好的电源退耦作用。顶层和底层是较差的布线层。靠近接地平面的第 2 层是最好的布线层，可以用来布时钟等高风险的信号线。在确保 RF 回流路径的条件下，也可以用第 5 层作为其他的高风险布线的布线层。第 1 层和第 2 层、第 5 层和第 6 层应采用交叉布线。

13.2.3　八层板的设计

八层板层叠设计方案如表 13.3 所示。

表 13.3　八层板层叠设计方案

层　　数	层叠方案一	层叠方案二	层叠方案三
第 1 层(顶层)	信号层(元器件、微带线)	信号层(元器件、微带线)	信号层(元器件、微带线)
第 2 层	接地平面	接地平面	信号层(埋入式微带线)
第 3 层	信号层(带状线)	信号层(带状线)	接地平面
第 4 层	接地平面	电源平面	信号层(带状线)
第 5 层	电源平面	接地平面	信号层(带状线)
第 6 层	信号层(带状线)	信号层(带状线)	电源平面
第 7 层	接地平面	电源平面	信号层(埋入式微带线)
第 8 层(底层)	信号层(带状线)	信号层(带状线)	信号层(带状线)

(1) 层叠方案一：TOP、GND02、S03、GND04、PWR05、S06、GND07、BOTTOM。此方案为业界现行八层 PCB 的主选层设置方案，有 4 个布线层和 4 个参考平面。这种层叠结构的信号完整性和 EMC 特性都是最好的，可以获得最佳的电源退耦效果。其顶底和底层是 EMI 可布线层。第 3 层和第 6 层相邻层都是参考平面，是最好的布线层。由于第 3 层两个相邻层都是地平面，因此它是最优选走线层。第 4 层和第 5 层之间的芯板厚度不宜过厚，以便获得较低的传输线阻抗，这个低阻抗特性可以改善电源的退耦效果。在第 2 层和第 7 层的接地平面可以作为 RF 回流层。

(2) 层叠方案二：TOP、GND02、S03、PWR04、GND05、S06、PWR07、BOTTOM。与方案一相比，此方案适用于板上电源种类较多，一个电源平面处理不了的情况。第 3 层为最优布线层。主电源应安排在第 4 层，可以与主地相邻。第 7 层的电源平面为分割电源，为了改善电源的退耦效果，在底层应采用铺地铜的方式。为了 PCB 的平衡和减小翘曲度，顶层也需要铺地铜。

(3) 层叠方案三：TOP、S02、GND03、S04、S05、PWR06、S07、BOTTOM。此方案有 6 个布线层和两个参考平面。这种叠层结构的电源退耦特性很差，EMI 的抑制效果也很差。其顶层和底层是 EMI 特性很差的布线层。紧靠接地平面的第 2 层和第 4 层是时钟线的最好布线层，应采用交叉布线。紧靠电源平面的第 5 层和第 7 层是可接受的布线层。此方案通常用于贴片器件较少的 8 层背板设计，由于表层只有插座，因此表层可以大面积铺地铜。

13.2.4　十层板的设计

十层板层叠设计方案如表 13.4 所示。

表 13.4　十层板层叠设计方案

层　　数	层叠方案一	层叠方案二
第 1 层(顶层)	信号层(元器件、微带线)	信号层(元器件、微带线)
第 2 层	接地平面	信号层(埋入式微带线)
第 3 层	信号层(带状线)	电源平面
第 4 层	信号层(带状线)	接地平面
第 5 层	接地平面	信号层(带状线)
第 6 层	电源平面	信号层(带状线)
第 7 层	信号层(带状线)	接地平面

层　　数	层叠方案一	层叠方案二
第8层	信号层(带状线)	电源平面
第9层	接地平面	信号层(埋入式微带线)
第10层(底层)	信号层(元器件、微带线)	信号层(元器件、微带线)

(1) 层叠方案一：TOP、GND02、S03、S04、GND05、PWR06、S07、S08、GND09、BOT。此方案有6个布线层和4个参考平面。其顶层和底层是较好的布线层。最好的布线层是相邻着地平面的第3层、第4层，可作为时钟等布线层。相邻电源平面的第7层是可布线层。第5层和第6层之间的芯板厚度尽量薄，可以提供较低的电源阻抗，电源退耦效果最好。第3层和第4层、第7层和第8层应采用交叉布线。

(2) 层叠方案二：TOP、S02、PWR03、GND04、S05、S06、GND07、PWR08、S09、BOT。此方案也有6个布线层和4个参考平面。其顶层和底层是较差的布线层。第2层和第9层是可布线层。在两个接地平面层之间的第5层和第6层是最好的布线层，可作为时钟等布线层。布线应采用交叉布线。第3层和第4层、第7层和第8层的芯板厚度尽量薄，可以提供较低的电源阻抗，电源退耦效果最好。

13.2.5　十二层板的设计

对于十二层或更多层的层叠设计，可以根据前面对四至十层的层间安排的一些讨论，来采用同样的原理进行安排。采用的层数越多，越要注意布线层与参考平面的位置关系，多个参考平面的设置会使信号完整性、电源完整性的控制显得更为容易。对于高速数字电路的电路板，应使接地平面和电源平面直接相邻。增加地平面层来隔离布线层是PCB的EMC设计的"撒手锏"之一。

十二层板层叠设计方案如表13.5所示。

表13.5　十二层板层叠设计方案

层　　数	层叠方案一	层叠方案二	层叠方案三	层叠方案四
第1层(顶层)	TOP	TOP	TOP	TOP
第2层	GND02/PWR02	GND02	GND02	GND02/PWR02
第3层	PWR03/GND03	S03	S03	S03
第4层	S04	PWR04/GND04	S04	S04
第5层	S05	S05	GND05/PWR05	GND05/PWR05
第6层	GND06/PWR06	GND06/PWR06	S06	S06
第7层	PWR07/GND07	PWR07/GND07	S07	S07
第8层	S08	S08	GND08/PWR08	GND08/PWR08
第9层	S09	PWR09	S09	S09
第10层	GND10/PWR10	S10	S10	S10
第11层	PWR11/GND11	GND11	GND11	PWR11/GND11
第12层(底层)	BOTTOM	BOTTOM	BOTTOM	BOTTOM

13.3　4层板PCB设计

本章以一块FPGA核心板设计为例,介绍如何进行4层板层叠设计、电源平面划分。

本案例中4层板的核心采用Altera CycloneⅡ系列EP2C5Q208的FPGA,板尺寸大小10cm×10cm。常规配置,剩下的I/O全部引出。实物图如图13.1所示。

图13.1　FPGA核心板实物图

13.4　PCB设计前准备

1. 发送网表

在Layout绘制10cm×10cm的板框,打开原理图,打开"工具"菜单,选择"PADS Layout链接"命令,如图13.2所示。单击"发送网表"按钮,导入网表后,器件显示在PCB文件的原点上,如图13.3所示。

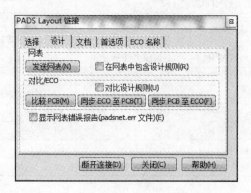

图13.2　发送网表

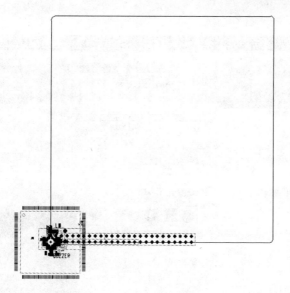

图 13.3 导入网络表

2. 默认线宽、安全间距、过孔设置

默认线宽、安全间距和过孔设置的操作步骤参照第 11 章，其中过孔设置有 2 种：18/30 信号过孔和 18/38 电源过孔。具体设置如图 13.4 和图 13.5 所示。

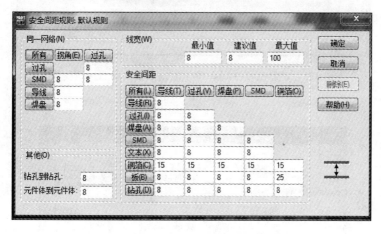

图 13.4 "安全间距规则：默认规则"对话框

3. 建立类及设置类规则

布线前，统一为所有电源网络统一设置网络类规则，如图 13.6 和图 13.7 所示。详细操作参照第 11 章。

4. 分配 PWR 网络类颜色

接下来为 PWR 网络类所包含的每一个网络各分配一种颜色，目的是为了更直观地区分电源网络和信号线网络。在 PCB 界面中按下 Ctrl＋Alt＋N 快捷键，弹出"查看网络"窗口。单击"选择依据"下拉菜单，选择创建的 PWR 网络类，分别为该网络类所包含的每一个网络各分配一种颜色，如图 13.8 所示。

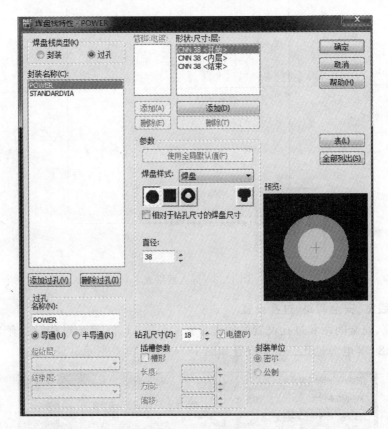

图 13.5 "焊盘栈特性-POWER"对话框中的"过孔"设置

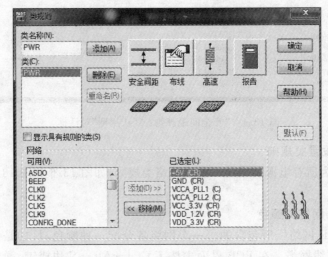

图 13.6 "类规则"设置对话框

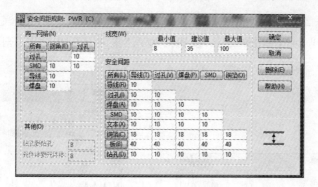

图 13.7 "安全间距规则：PWR(C)"对话框

图 13.8 为各网络分配颜色

5. 层设置

在工具栏单击"设置"菜单,选择"层定义"命令,如图 13.9 所示。进入"层设置"对话框,如图 13.10 所示。

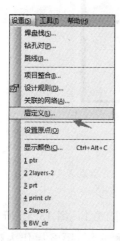

图 13.9 打开层定义

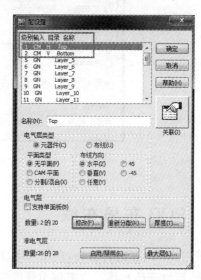

图 13.10 "层设置"对话框

层设置默认是 2 层,单击图 13.10 的"修改"按钮,进入"修改电气层数"对话框,如图 13.11 所示。输入"4",单击"确定"按钮后进入"重新分配电气层"对话框,如图 13.12 所示。

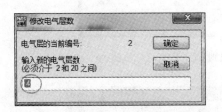

图 13.11 "修改电气层数"对话框   图 13.12 "重新分配电气层"对话框

单击"确定"按钮后返回"层设置"对话框,对新增加的内层进行重新命名:第二层为 GND,第三层为 PWR。如图 13.13 所示,其中的"电气层类型"建议选择"无平面"。

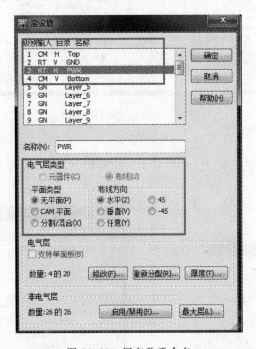

图 13.13 层名称重命名

13.5 PCB 布局布线

结合原理图,对 PCB 进行布局,顶层和底层布局图如图 13.14、图 13.15 所示。

布局完毕,可以开始布线。本案例布线层集中在顶层和底层,第 2 层作为接地平面,第 3 层作为电源平面。电源和地网络就近连接,以打过孔结束走线,最后在第 2 层、第 3 层的平面进行覆铜处理。顶层布线图和底层布线图如图 13.16 和图 13.17 所示。

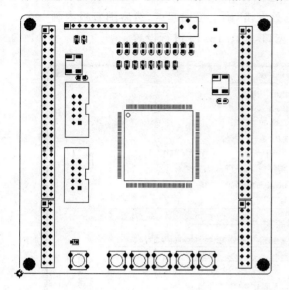

图 13.14　顶层布局图

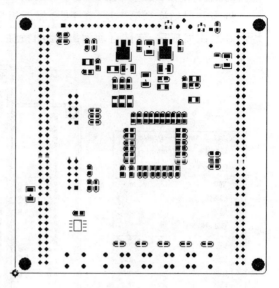

图 13.15　底层布局图

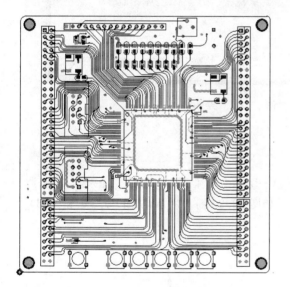

图 13.16　顶层布线图

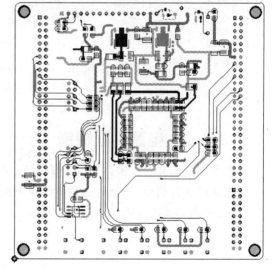

图 13.17　底层布线图

13.6　覆铜处理

布线完成后，需要在平面层进行覆铜处理。

13.6.1　接地平面覆铜

将本案例第二层作为接地平面，单击绘图工具的覆铜图标 ▨ 。在 PCB 空白处右击，在弹出的快捷菜单中选中"矩形"命令,如图 13.18 所示。

　　将当前层切换到第二层,在 PCB 靠近板框处左击,确定覆铜起点,然后围着板内画一个矩形。绘制完成后,软件自动弹出"绘图特性"窗口,按图 13.19 进行设置。

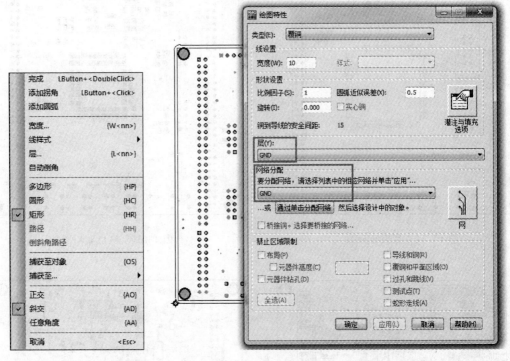

图 13.18　矩形命令　　　　　　　　图 13.19　"绘图特性"窗口

13.6.2　电源平面覆铜

　　本案例电源共有 4 组:＋5V、VDD_3.3V、VDD_1.2V 和 VCC_3.3V。在第 3 层电源平面按区域进行划分,划分时注意不要跨平面。如图 13.20 箭头所示,VDD_3.3V 和 VDD_1.2V 的平面不要跨区域。

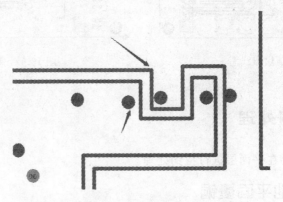

图 13.20　VDD_3.3V 和 VDD_1.2V 平面区分

4 组电源的平面区分如图 13.21 所示。

13.6.3 顶层底层平面覆铜

顶层和底层直接覆铜，关联地网络，操作和接地平面一样。

打开"工具"菜单，选择"覆铜管理器"命令，选择全部灌注，单击"开始"按钮。4 层覆铜效果如图 13.22～图 13.25 所示。

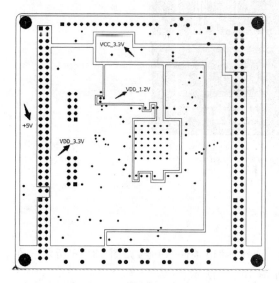

图 13.21 4 组电源的平面划分图

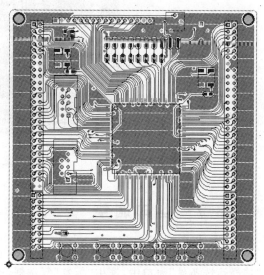

图 13.22 顶层覆铜效果图

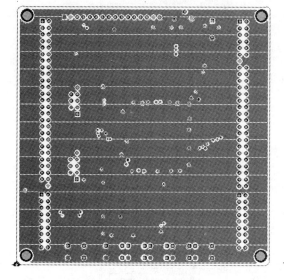

图 13.23 地层覆铜效果图

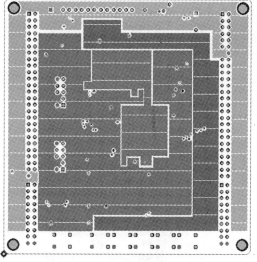

图 13.24 电源层覆铜效果图

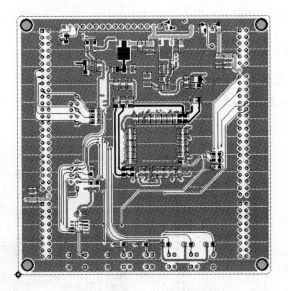

图13.25 底层覆铜效果图

13.7 丝印调整

在PCB空白处右击,在弹出的快捷菜单中,选择"筛选条件"命令,如图13.26所示。在"选择筛选条件"窗口中,选中"标签"复选框,如图13.27所示。

图13.26 选中"筛选条件"命令 　　　　图13.27 选中"标签"复选框

按下 Ctrl＋A 快捷键,选中整体元件编号标签,再按下 Ctrl＋Q 快捷键,进入"元件标签特性"窗口,如图 13.28 所示。把尺寸和线宽分别改为 60 和 10。

对参考编号进行移动、对齐,在插座空白处增加注释文本,对顶层丝印和底层丝印分别整理,如图 13.29 和图 13.30 所示。

图 13.28 "元件标签特性"窗口

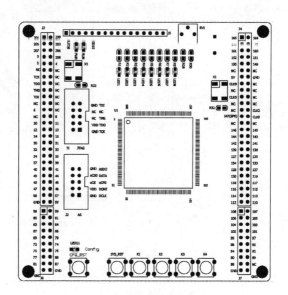

图 13.29 整理顶层丝印

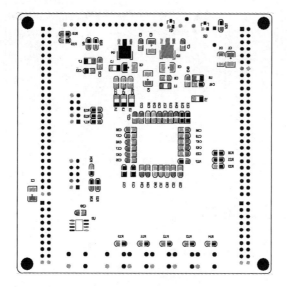

图 13.30 整理底层丝印

13.8　设计验证

打开"工具"菜单,选择"验证设计"命令,如图 13.31 所示,检查安全间距及连接性有无错误。检查结果如图 13.32 所示。

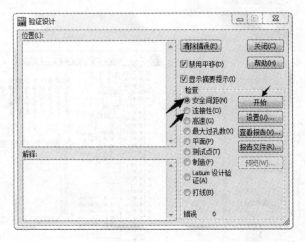

图 13.31　"验证设计"窗口

图 13.32　"验证设计"窗口

13.9　输出设计资料

本小节的具体操作步骤请参照第 9 章。

13.10　案例原理图

本章案例完整原理图见图 13.33～图 13.36。

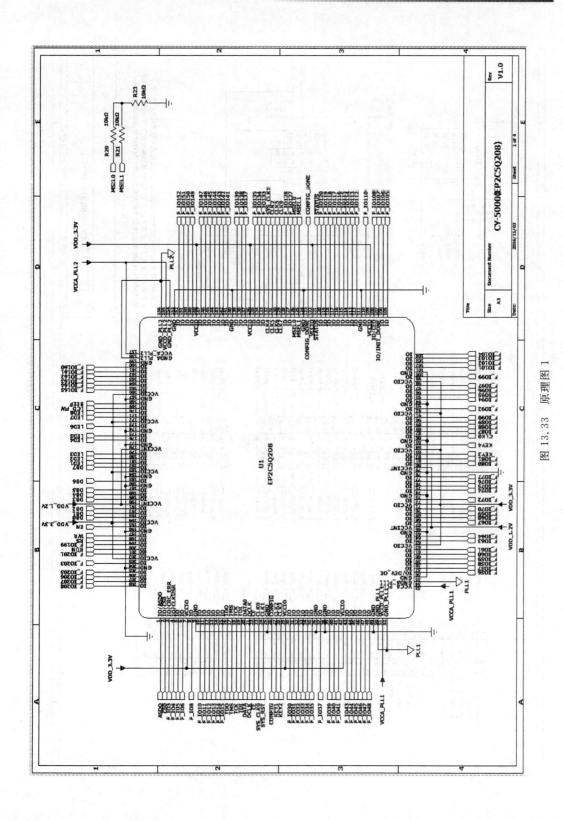

图 13.33 原理图 1

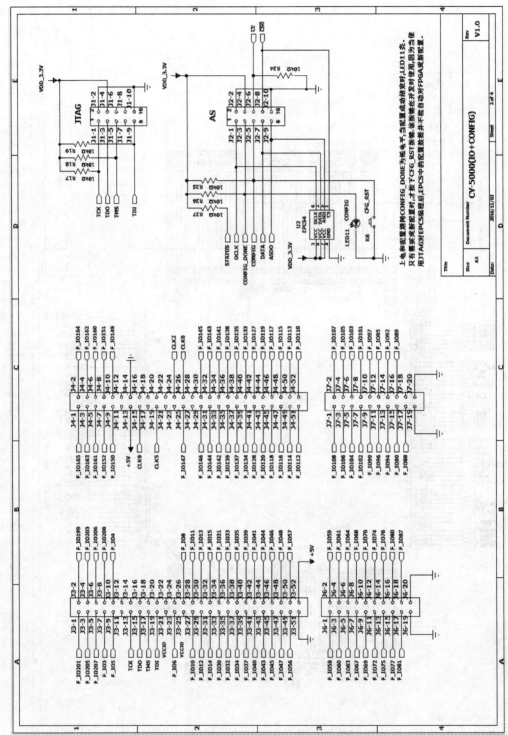

图 13.34 原理图 2

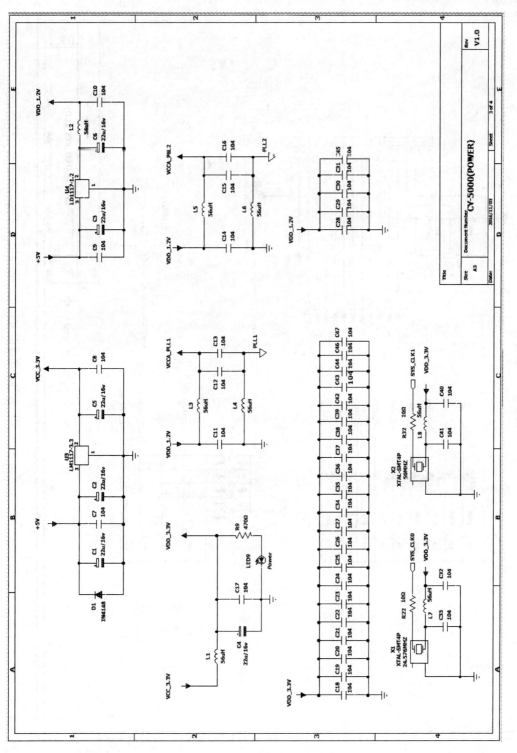

图 13.35 原理图 3

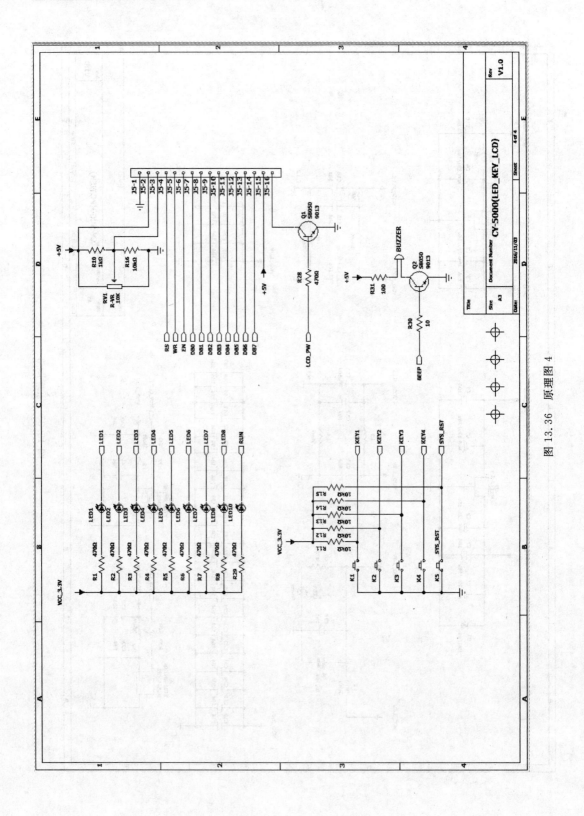

图 13.36 原理图 4

本章小结

本章介绍 PCB 层叠设计原则及 4～12 层板的参考层叠设计方案。读者可以按照本章的内容对单板的层数和层叠进行选择。

本章介绍了 4 层 PCB 设计的一般方法，对覆铜操作，需要了解其意义在于，减小地线阻抗，提高抗干扰能力，降低压降，提高电源效率，以及与地线相连，减小环路面积。如果 PCB 的地较多，有 SGND、AGND、GND 等，覆铜的做法是根据 PCB 板面位置的不同，分别以最主要的"地"作为基准参考来独立覆铜，数字地和模拟地分开敷铜。

第 14 章

案例实战（5）：
单片 DDR3 设计

在追求集成度高、体积要求越来越苛刻的背景下，器件选择 BGA 封装成为趋势。在高速 PCB 设计上，BGA 器件具有分布电容和分布电感小的优点。DDR3 是应用在计算机及电子产品领域的一种高带宽并行数据总线，时钟频率可以达到 800MHz。BGA＋DDR 的设计模式应用得越来越广。在开始 PCB 设计前，先把设计参数设置好，按照布局、扇出、互连、等长布线进行设计。

14.1　设计背景

本章以单片 DDR3 设计为例，介绍 DDR3 的 PCB 设计。图 14.1 的 PCB 原为某工业控制器核心板。本案例只涉及 DDR3 设计，所以把其余的器件和网络都删除，保留 CPU、DDR3 以及 DDR3 的去耦电容。本章将详细讲解本案例的设计思路、设计技巧、设计步骤以及关于 DDR3 的设计基础概念等。

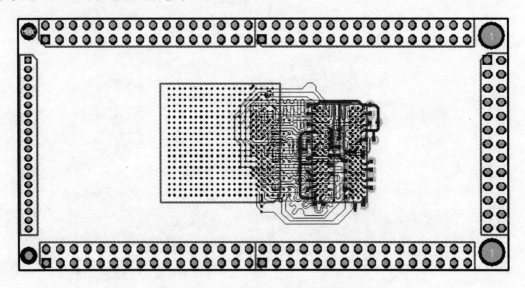

图 14.1　单片 DDR3 设计实例

14.2　DDR3 简介

DDR3 是一种计算机内存规格，目前市面上主流的内存颗粒是 DDR3。它属于 SDRAM 家族的内存产品，能够提供比 DDR2 SDRAM 更高的运行效能与更低的电压，是 DDR2 SDRAM(同步动态动态随机存取内存)的后继者(增加至 8 倍)，也是目前流行的内存产品规格。

14.3　布局前相关设置

设计前，需要进行约束规则的设置，图 14.2 为本案例的原始文件。

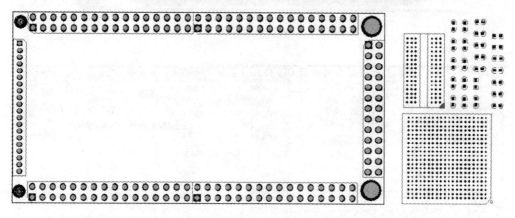

图 14.2　原始文件

14.3.1　默认线宽，安全间距设置

确定该板的默认线宽和安全间距，可以通过测量 CPU 任意两焊盘之间的安全间距从而确定两焊盘之间允许通过导线的最大线宽值。打开"查看"菜单，选择"安全间距"命令，弹出"查看安全间距"对话框。选择"网络到网络"选项，点选 CPU 的 A1 和 B1 管脚。测得两个网络间的最小安全间距为 15.75mil，如图 14.3 所示。

因为 15.75/3＝5.25(1 根 5.25mil 的导线加上 2 倍导线的间距＝最小安全间距，导线和 CPU 的焊盘之间要保留至少等于导线宽度的间隙)，这里四舍五入，整取 5mil，整板的表层和内层均设置 5mil 作为默认线宽和默认安全间距。打开"设置"菜单，选择"设计规则"命令，单击"默认"命令，弹出"安全间距规则"对话框，如图 14.4 所示(内层默认线宽从 BGA 扇出两个相邻过孔间的安全间距决定)。

14.3.2　设置过孔

在设置默认布线规则之前，需要添加过孔的大小和种类。本案例的 CPU 和 DDR3 为 BGA 封装，跨距不同的 BGA 使用不同的过孔。

➤ 跨距为 1.0mm 的 BGA 用 10/18(10mil 的钻孔尺寸，18mil 的直径)的过孔；

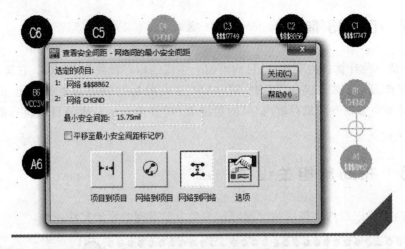

图 14.3 "查看安全间距"对话框

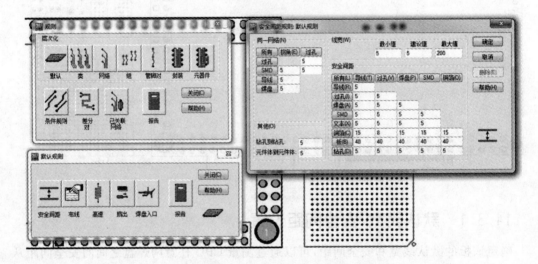

图 14.4 "安全间距规则"对话框

➢ 0.8mm 的 BGA 用 8/16 的过孔；

➢ 0.65 的 BGA 用 8/14 的过孔；

➢ 少于 0.65mm 的 BGA 就得用盲埋孔。

    首先，选中 BGA 封装任意一个焊盘，输入无模命令"SO"，把原点定在选中焊盘的中心。输入无模命令"UMM"，把单位切换到毫米。选中旁边的焊盘，右击，在弹出的快捷菜单中，选择"特性"命令，弹出"管脚特性"窗口，如图 14.5 所示。从图中可以看出，该焊盘 X 轴的坐标为 0.8mm，得出该 BGA 封装的跨距为 0.8mm，使用相同方法测得 CPU 和 DDR 跨距均为 0.8mm 的 BGA 封装。根据经验，应使用 8/16 的过孔。

    返回主界面，输入无模命令 UM，把单位切换到密尔。打开"设置"菜单，选择"焊盘栈"命令，进入"焊盘栈特性"对话框。将"焊盘栈类型"选择为"过孔"，单击"添加过孔"按钮，添加一个钻孔尺寸为 8mil、直径为 16mil 的过孔，如图 14.6 所示。

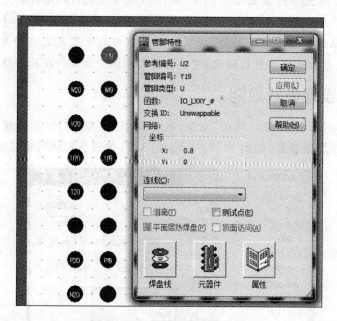

图 14.5 "管脚特性"窗口

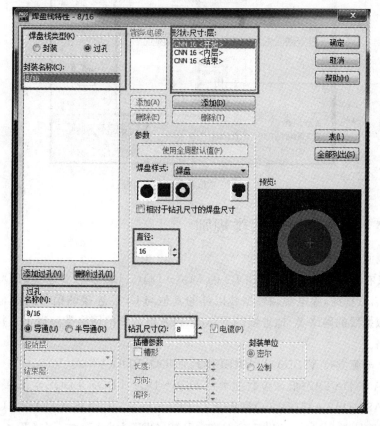

图 14.6 "焊盘栈特性"对话框

特别注意：8/16 这个过孔只作为 CPU 和 DDR 扇出过孔，BGA 封装区域以外的过孔需要用 10/18、12/20 或者更大的过孔。本章实例简化到 CPU 和 DDR，所以整板使用 8/16 的过孔。5mil 的默认线宽需要通过 BGA 封装扇出后相邻两个过孔之间的安全间距去验证，在进行 BGA 封装扇出后可以自行验证，方法与前文相同。验证内层能否使用 5mil 的走线。

14.3.3　设置布线规则

打开"设置"菜单，选择"设计规则"命令，单击"默认"命令，弹出"布线规则"对话框，设置过孔和可允许走线层面参数，如图 14.7 所示。把 8/16 的过孔和所有走线层添加到右侧。

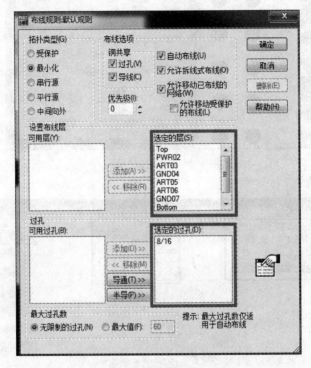

图 14.7　"布线规则"对话框

14.3.4　建立类及设置类规则

设计实例原理图如图 14.8 所示。

本案例只有一片 DDR3，这片 DDR3 的 DQ0～DQ15、UDQS、UDQS♯、LDQS、LDQS♯、UDM、LDM 为数据线，除电源和数据线以外的其他与 CPU 连接的信号线都是地址线。需要分别建立数据线的网络类、地址线的网络类，以及电源线的网络类。以下是每个网络类具体包含的网络。

➢ PWR(电源类)：VREFCA、VREFDQ、VDDQ、VDD、VSSQ、VSS。

➢ DATA0～DATA7(低 8 位数据类)：DQ0～DQ7、LDQS、LDQS♯、LDM。

➢ DATA8～DATA15(高 8 位数据类)：DQ8～DQ15、UDQS、UDQS♯、UDM。

➢ ADD(地址类)：A0～A14、NC、BA0～BA2、ODT、RESET♯、CK、CK♯、CKE、CS♯、RAS♯、CAS♯、WE♯。

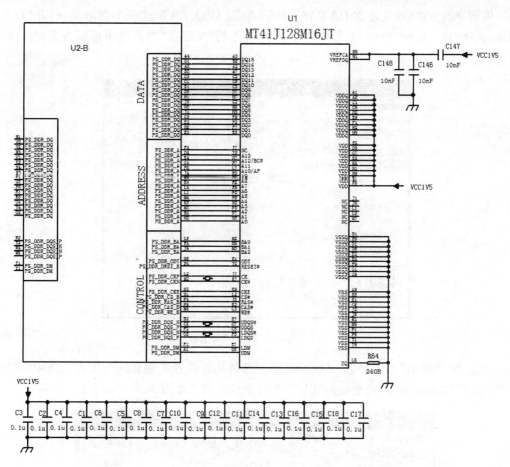

图 14.8　设计实例原理图

特别注意：这片 DDR3 的数据线从 DQ0～DQ15 分为两组，每 8 根加上 DQS、DQS♯、DM 为一组，共 11 根线。如果有些 DDR 的数据线是从 DQ0～DQ31，则要分 4 组数据线，DDR3 也是每 8 根加上 DQS、DQS♯、DM 为一组。

打开原理图和 PCB 后，在原理图界面单击"工具"菜单，选择 PADS Layout 命令，将原理图和 PCB 进行交互。将原理图和 PCB 分别放在屏幕的左右两侧。在原理图中，右击，在弹出的快捷菜单中选择"选择网络"命令，并选中相关的网络。例如，选中 DQ0～DQ7、LDQS、LDQS♯、LDM 这 11 个网络，被选中的网络在 PCB 中也会被选中，且高亮显示。在 PCB 界面中，维持选中高亮状态，右击，在弹出的快捷菜单中选择"建立类"命令，弹出"将网络添加到类中"对话框。选择"新建类"选项，并在"添加到类"文本框中输入 DATA0～7[①]，如图 14.9 所示，即完成对 DATA0～DATA7 网络类的创建。

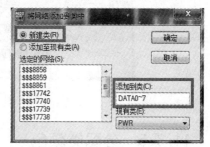

图 14.9　"将网络添加到类中"对话框

---

① 编辑注：软件中，此文本框输入"DATA0～7"，即创建 DATA0～DATA7 网络类。

　　用同样的方法,继续建立 DATA8～DATA15、ADD、PWR 这三个网络类,打开"设置"菜单,选择"设计规则"命令,单击"类"命令,在弹出的"类规则"对话框中可以查看刚刚建立的类,如图 14.10 所示。

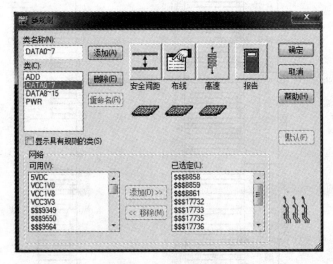

图 14.10　"类规则"对话框

　　在这个"类规则"对话框中,可以针对某个网络类去设置线宽和间距规则。选中"类"选项中的 PWR,单击右边"安全间距"图标,把线宽的建议值设为 12mil,如图 14.11 所示。

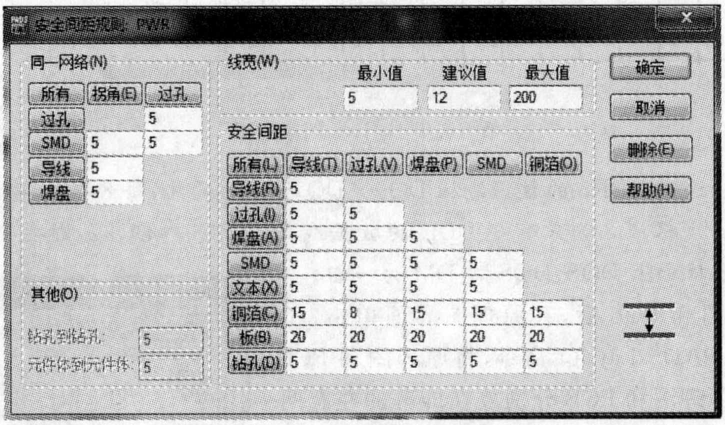

图 14.11　设置 PWR 类的线宽规则

14.3.5　分配类颜色

　　这一步在 DDR3 设计中尤为重要,有助于指引布局。在 PCB 界面中按下 Ctrl＋Alt＋N 快捷键,弹出"查看网络"窗口。单击"选择依据"下拉列表框可以看到刚刚创建的几个网络类,如图 14.12 所示。

　　需要对 DATA0～DATA7、DATA8～DATA15、ADD 这 3 个网络类,分别设置颜色。单击"选择依据"下拉列表框,选择 ADD。单击选中"查看列表"选项卡中的第一个网络,然后拉动右边下滑条至最下方,按住 Shift 键,单击选中最下面的最后一个网络,这样即可选

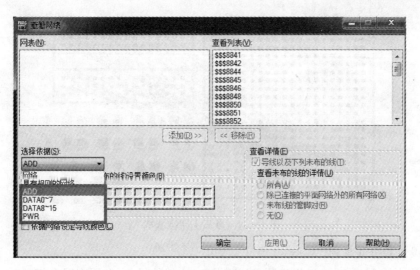

图 14.12 "查看网络"窗口

中整个类的网络。在下面"查看未布的线的详情"中选中"除已连接的平面网络外的所有网络"。在左边选择一种颜色分配给这个网络类，如图 14.13 所示。

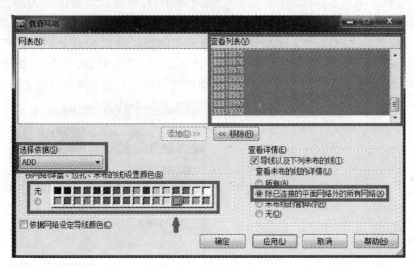

图 14.13 分配类颜色

重复上述步骤，给 DATA0～DATA7、DATA8～DATA15 这两个网络类各分配一种颜色，给 PWR 网络类包含的每个电源网络分别设置一种颜色。对于 PWR 这个网络类，在"查看未布的线的详情"中选择"无"，意思是不开启 PWR 这个网络类所包含网络的飞线。单击"确定"按钮，返回主界面，如图 14.14 所示。

从图中可以看到 DDR3 中的数据线和地址线开启飞线。如果没看到飞线，输入无模命令 ZU 将显示/关闭飞线。如果还看不到，可在"显示颜色设置"中给"连线"分配一种颜色。

14.3.6 设置差分线规则

在本案例中，共有 3 对差分线，分别是 LDQS 和 LDQS♯，LDQS 和 LDQS♯，CK 和 CK♯。

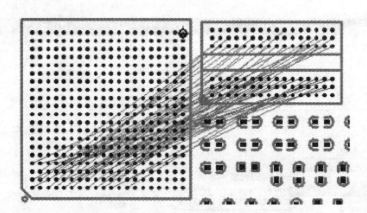

图 14.14　开启 DDR3 飞线

所以需要设置差分线规则。

　　将 PCB 从 PADS Layout 切换到 PADS Router 软件界面,在原理图中打开"工具"菜单,选择 PADS Router 命令,即可将原理图和 PADS Router 进行交互。

　　在原理图中,右击,从弹出的快捷菜单中选择"选择网络"命令,并选中差分时钟信号 CK 和 CK♯,则 PADS Router 中的 PCB 会同时选中,并高亮显示这两个网络。在 PADS Router 界面中右击,在弹出的快捷菜单中选择"建立差分网络"命令,如图 14.15 所示。

　　同理,继续创建 LDQS 和 LDQS♯,LDQS 和 LDQS♯ 这两对差分网络。打开 PADS Router 软件的项目浏览器,如图 14.16 所示。选中这 3 对差分对后,右击,在弹出的快捷菜单中选择"特性"命令。在弹出的对话框中,为刚刚建立的 3 对差分网络设置差分走线规则,如图 14.17 所示。在这里,设置差分线所有层的宽度和间隙均为 5mil。

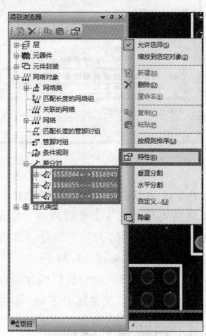

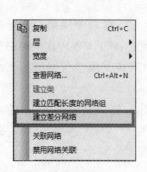

图 14.15　"建立差分网络"命令　　　　　　　图 14.16　项目浏览器

图 14.17 差分对特性

14.4 布局和扇出

完成上述设置后，可以进行布局。合理的布局才能有合理的走线，如果布局不合理，布线也会不合理。本小节详细讲解单片 DDR3 布局及相关技巧。

14.4.1 确定 CPU 与 DDR3 相对摆放位置

单片 DDR3 通用布局原则为，DDR3 靠近 CPU 摆放，采用点对点布局方式：

➢ 当 CPU 与 DDR3 之间没有排阻时，DDR3 到 CPU 推荐中心距离为 900~1000mil。

➢ 当 CPU 与 DDR3 之间有排阻时，DDR3 到 CPU 推荐中心距离 1000~1400mil。

点对点布局是根据 DDR3 数据线和地址线的飞线和颜色，本案例中的 DDR3 共有两组数据线和一组地址线。把每一组线看作一个整体，布局时保证 3 组飞线不交叉，可以进行很顺畅的点对点连接，如图 14.18 所示。

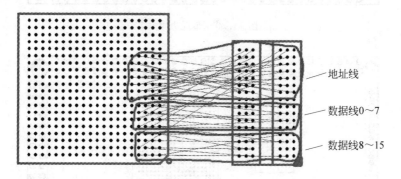

图 14.18 CPU 与 DDR3 相对位置

根据颜色可以看到，每一组的飞线都是顺的。如果把 DDR3 旋转 180°，可以看出，飞线交叉严重，如图 14.19 所示，这样的布局明显不合理。

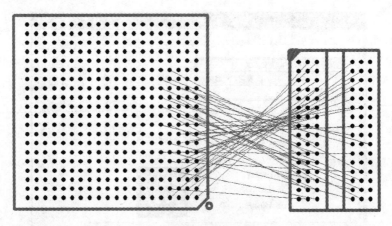

图 14.19 不合理的布局

14.4.2 确定 CPU 与 DDR3 布局方案

确定 CPU 与 DDR3 的相对摆放位置后,尝试把 CPU 和 DDR3 放进板子里面。由于板框是长方形,板子的空间和尺寸限制 CPU 和 DDR3 不能采用一上一下的摆放方式,只能一左一右,这样就产生两种摆放的方案,分别如图 14.20 和图 14.21 所示。

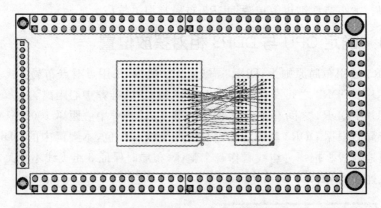

图 14.20 布局方案 1

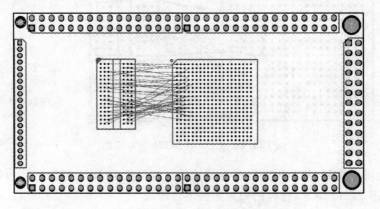

图 14.21 布局方案 2

由于本案例只对单片 DDR3 模块进行处理，所以布局采用方案 1 或方案 2 都可行。在实际项目中，则需要根据 CPU 到各个接口的飞线、模块之间互连关系、强干扰源所在位置、板子空间利用率等因素综合考虑使用方案。本案例选用方案 1。

14.4.3　扇出

确定好 CPU 和 DDR3 在板中的摆放位置后，接下来要做 CPU 和 DDR3 的扇出。CPU 和 DDR3 可以采用自动扇出，在这里讲解手工扇出的方法。只需对有网络连接的管脚进行扇出即可，在这里给分享一个小技巧。操作如下：打开"设置"菜单，选择"显示颜色"命令，取消选中"管脚编号"一列，选中"网络名"一列，给每一层的网络名分配颜色，返回 PCB 主界面，焊盘上面有字的就表示有网络连接。

本案例先做 DDR3 的扇出。首先选中 DDR3 任意一个焊盘，输入无模命令 SO，把原点定在焊盘中心。输入无模命令 UMM，把单位切换成毫米。从前面得知，两个 BGA 封装的跨距均为 0.8mm，把设计栅格和显示栅格都设为跨距的一半。分别输入无模命令 g0.4 和 gd0.4，记得要把"选项"中的"栅格"一栏的"捕获至栅格"选中，开启栅格捕捉，如图 14.22 所示。

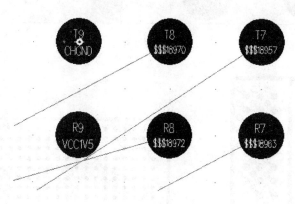

图 14.22　设置栅格大小

从图中可以看出，格点排列整齐，而且部分格点正好落在 BGA 各个焊盘的中心，把过孔打在 4 个 BGA 焊盘的中心，过孔到每一个焊盘之间的距离相等。

接下来开始扇出。选中需要走线的焊盘，按下 F2 键，把线往斜 45° 方向拉出至格点上，右击，单击"以过孔结束模式"一项，选中"以过孔结束"命令，如图 14.23 所示。

接着按下 Ctrl 键和鼠标左键，即可在格点上让导线以过孔方式结束。接着选择其他焊盘，按下 F2 键，把线往斜 45° 方向拉出至格点上，按下 Ctrl 键和鼠标左键。重复以上操作，把整个 BGA 封装的焊盘往四周扇出，如图 14.24 所示。由于前面对 PWR 这个类设置线宽规则，所以可以看到，电源网络引线会自动加粗到 12mil。

DDR3 先以这种方式扇出，后续根据实际布线情况可以微调过孔位置。使用同样的方法，把 CPU 扇出，如图 14.25 所示。

在这里，CPU 只扇出与 DDR3 连接相关的管脚，左边无关的管脚没有做扇出。

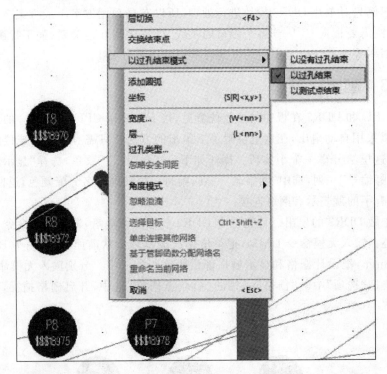

图 14.23　以过孔结束

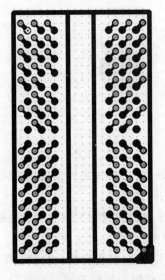

图 14.24　DDR3 扇出

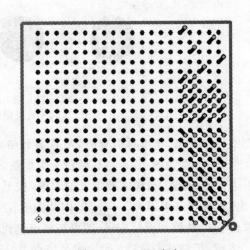

图 14.25　CPU 扇出

下一步需要把 BGA 封装前两排的管脚往外拉。可以从左下角开始,如图 14.26 所示。同样,过孔也是按着格点来打,根据实际情况每排打 3～4 个过孔。这样扇孔的好处在于:在内层使用相同走线的情况下,通过调整前两排过孔的位置,可预留布线通道,让更多的走线能够从 BGA 里面拉出来,从而节省走线层的数量,如图 14.27 所示。

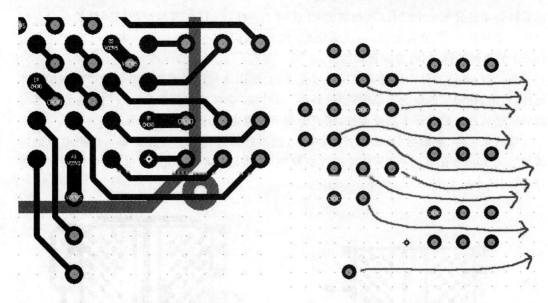

图 14.26　CPU 前两排扇出　　　　　　　图 14.27　预留布线通道

　　在做 CPU 前两排扇出时,注意要把差分线的两个过孔扇出在一起,可以在原理图中选择网络,通过在 PCB 上高亮差分网络,检查 CPU 和 DDR3 差分网络的过孔是否扇出在一起,CPU 和 DDR3 扇出如图 14.28 所示。图中高亮用圈框住的过孔为差分线过孔。在布线时,可以把过孔位置进行微调。

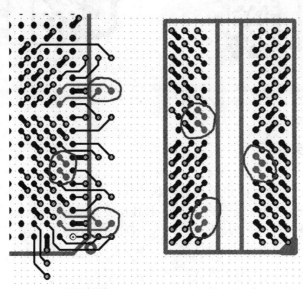

图 14.28　CPU 和 DDR3 扇出

14.4.4　塞电容

　　在做 BGA 封装的布局时,先对 BGA 扇出,过孔需要一定的位置,然后再加入去耦电容、电阻。本节案例中,只需加入 DDR3 的去耦电容和电阻。一般在扇出 DDR3 时,一个电源管脚会单独分配一个过孔(这和扇出 CPU 时不一样,CPU 相邻两个相同网络的焊盘可以共用一个过孔)。先放入电容,再放入电阻,电容、电阻统一放在背面。去耦电容优先靠近DDR3 的电源管脚,同时兼顾管脚摆放。

布局时,器件的丝印尽量不要压在过孔上面,丝印之间尽量不要重叠。选中剩下的贴片元件,右击,在弹出的快捷菜单中选择"特性",在"层"选项中选择 Bottom,把所有贴片器件改到底层放置。然后逐个摆放器件,摆完电容再摆电阻,如图 14.29 所示。

然后把电容、电阻与 DDR3 的连线接上,把该打的过孔打上。在这里可以把电源的连线加粗到 15mil,在修改完 PWR 类的线宽规则后,可以切换到 Router 里面,切换到底层进行连线,完成后如图 14.30 所示。

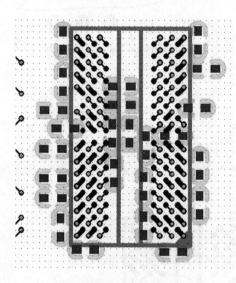

图 14.29　塞电容

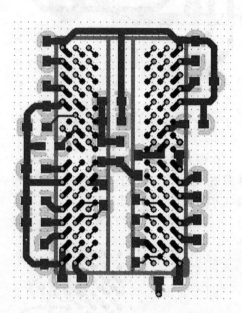

图 14.30　DDR3 模块总扇出图

14.5　布线

完成上述操作后,可以进行 PCB 布线。在布线之前,可先做一下布线规划。首先要确认板子的层叠方案。这块板子是一块 8 层板,具体层叠方案为:

> 这 8 层分别是:TOP-PWR02-ART03-GND04-ART05-ART06-GND07-BOTTOM。
> 内层一共有 3 个平面以及 3 个走线层,PWR02 为电源平面层,GND04 和 GND07 为地平面层,ART03、ART05 和 ART06 为走线层。
> DDR3 的两组数据线和地址线必须在 3 个走线层内连通。

通过层叠设置,可以看出:

> ART03 的走线参考 PWR02 和 GND04。
> ART05、ART06 的走线参考 GND04 和 GND07。

由于 ART05、ART06 参考两个地平面比 ART03 参考一个电源平面要好,所以 ART05、ART06 为最优布线层,ART03 为次优走线层,顶、底层的 EMI 效果较差,一般不走线。

在布线时，要先连通两组数据线，然后再连通地址线。数据线每组 11 根走线要求同组同层，即两组数据线不能混在一起，同层两组数据线之间要拉开距离。所以推荐两组数据线分别走在第 5 层、第 6 层，每层连通一组数据线。地址线只要在 3 层走线层剩余空间连通，争取用两个走线层把所有走线连通。

所有走线尽量做到符合 3W 原则。把软件从 Layout 切换到 Router，打开"编辑"菜单，选择"特性"命令，在弹出"设计特性"的窗口中把"安全间距"中导线和导线的间距从 5mil 改到 10mil，也就是 3W，如图 14.31 所示。板子有些位置导线和导线间还不符合 3W 原则，根据实际情况可以把间距规则调小。

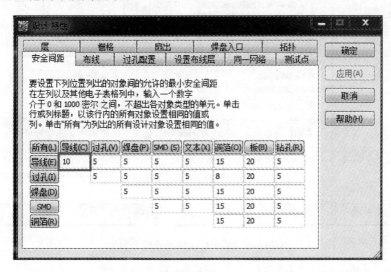

图 14.31 导线之间设置的 3W 间距规则

返回 Router 主界面，选中整板过孔，接下 Shift＋P 快捷键，把整板的过孔保护起来。把选项中常规一栏的"区分受保护的导线和过孔"选中，如图 14.32 所示。这样被保护的过孔和导线就会变成透明显示，保护过孔是为防止在布线过程中走线时，无意把过孔的位置推偏移。

将软件从 Router 切换到 Layout，需要先关闭整板飞线。右击，在弹出的快捷菜单中选择"选择网络"，即选中整板网络，再次右击，在弹出的快捷菜单中选择"查看网络"，弹出"查看网络"窗口。在"选择依据"下拉列表中选择"已选定"，全选"查看列表"一栏的全部网络，在下面"查看未布的线的详情"中选择"无"，如图 14.33 所示，单击"确认"按钮完成设置。

14.5.1 连通网络类 DATA0～DATA7 走线

在布线时可以把飞线逐组打开，先单独开启网络类 DATA0～DATA7 的飞线，如图 14.34 所示。

把软件从 Layout 切换到 Router，选择在第 5 层连通这 11 根线，输入无模命令 Z 5，切换到第 5 层，按下 F3 键后开始走线。完成后如图 14.35 所示。

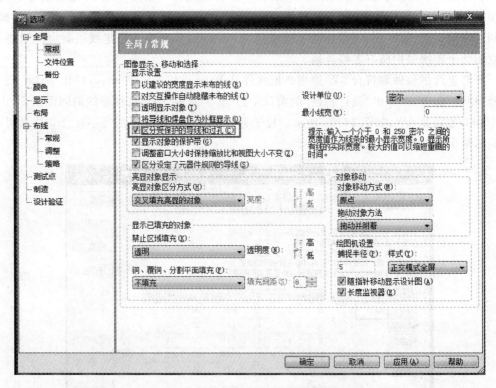

图 14.32　区分受保护的导线和过孔

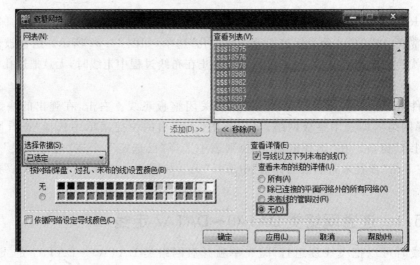

图 14.33　"查看网络"窗口

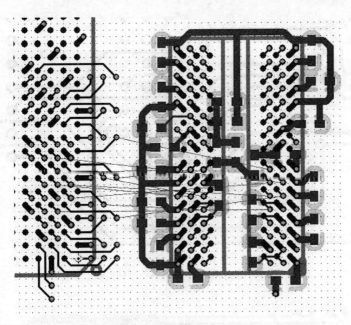

图 14.34 单独开启网络类 DATA0～DATA7 的飞线

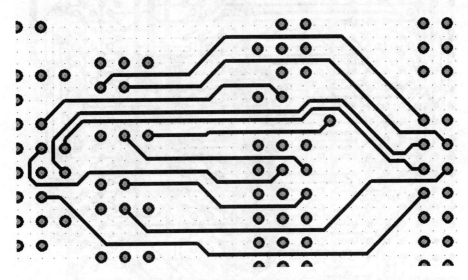

图 14.35 连通网络类 DATA0～7 走线

14.5.2 连通网络类 DATA8～DATA15 走线

重复上述步骤，返回 Layout，把网络类 DATA8～DATA15 的飞线打开，然后切换到 Router，输入无模命令 Z 6，切换到第 6 层，按下 F3 键后开始走线。完成后如图 14.36 所示。

14.5.3 连通网络类 ADD 走线

重复上述步骤，尽量在第 5、6 层把地址线全部连通，完成后如图 14.37 所示。本案例可以在两个内层完成单片 DDR3 走线。

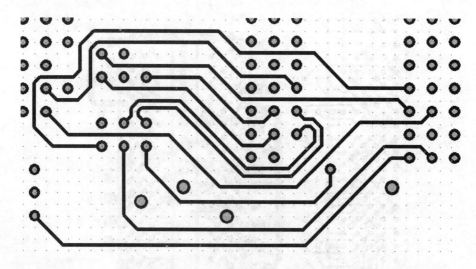

图 14.36 连通网络类 DATA8～DATA15 走线

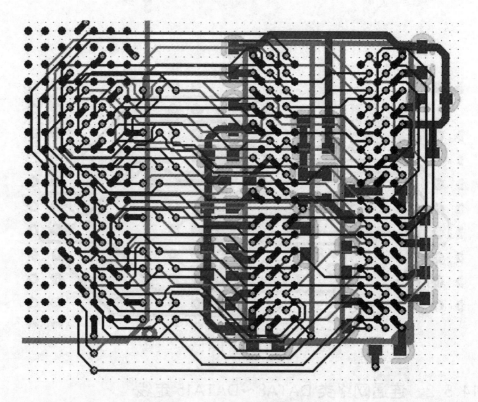

图 14.37 连通 DDR3 数据线和地址线

14.6 等长

14.6.1 等长设置

对 DDR3 的两组数据线以及地址线需要做等长处理,数据线要求组内长度误差控制在

5mil 内,地址线长度误差控制在 200mil 内,差分线组内长度误差控制在 5mil 内(差分线 N 和 P 两根线长度误差在 5mil 内)。

在项目浏览器中,选中"网络类"中的"ADD"网络类后,右击,在弹出的快捷菜单中选择 "复制"命令,如图 14.38 所示。然后在"匹配长度的网络组"上右击,在弹出的快捷菜单中选 择"粘贴"命令,如图 14.39 所示。

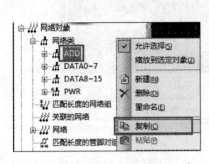

图 14.38 选择"复制"命令

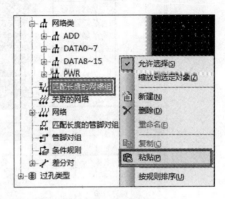

图 14.39 选择"粘贴"命令

在"匹配长度的网络组"中将生成一个匹配长度的网络组 MLNetGroup1,如图 14.40 所 示。依次将其他两组数据线的网络类复制并粘贴至"匹配长度的网络组"中,将生成另外两 个匹配长度的网络组 MLNetGroup2、MLNetGroup3,如图 14.41 所示。

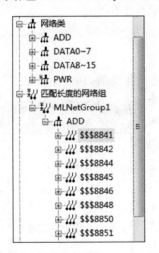

图 14.40 新建的网络组

图 14.41 生成的网络组

14.6.2 查看走线长度

打开"查看"菜单,选择"电子表格"命令,在 PCB 的下方将出现电子表格窗口。在项目 浏览器的 MLNetGroup1 中,选择其中一组网络类的所有网络,此时 PCB 下方的电子表格 将会列出所选中网络的长度,然后双击"已布线的长度"单元格。表格自动将具有最长长度 的选项排在最上面,如图 14.42 所示。

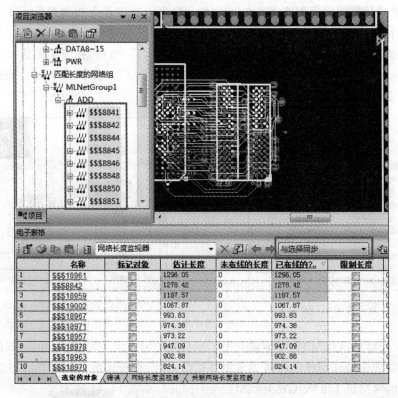

图 14.42　电子表格长度表

14.6.3　数据线等长

本等长线案例的先处理数据线,再处理地址线。绕线前,通过电子表格,把组内最长的那根线想办法减少走线长度,直到没法再减少为止。这样做的目的是减少绕线。以组内最长的那根线为参照,设置等长规则。本案例中,网络类DATA0~DATA7最长的线是 636.48,在项目浏览器的"匹配长度的网络组"中,选中 MLNetGroup2,右击,在弹出的快捷菜单中选择"特性"命令,如图 14.43 所示。在随后弹出的"匹配长度组特性"窗口中,输入等长容差为 25,最小长度为 612,最大长度为 637,如图 14.44 所示。

打开"工具"菜单,选择"选项"命令,弹出"选项"窗口,在"布线/调整"标签页下设置相关参数,如图 14.45 所示。将"最小间隙"改为 3(即蛇形线之间间隙为 3 倍线宽),"最大层次化级别"改为 5(即蛇形线的振幅,可在 5~8 调整)。

设置好等长和蛇形走线规则后,就可以开始绕

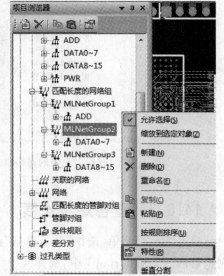

图 14.43　选择"特性"命令

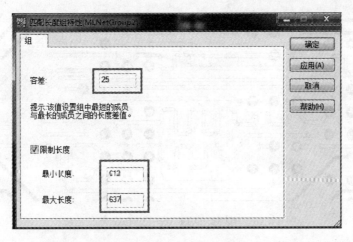

图 14.44 "匹配长度组特性"窗口

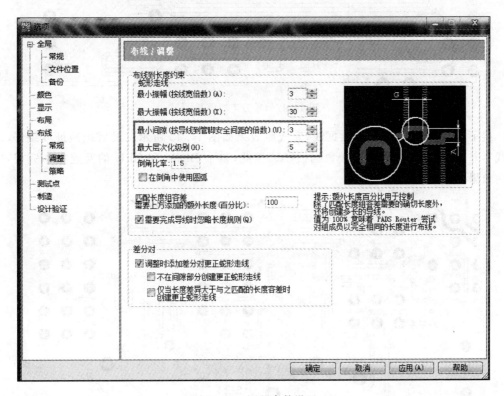

图 14.45 调整参数设置

等长，在绕线过程中观看电子表格，当表格中"已布线的长度"一栏中的数据变成绿色时，则走线符合等长要求。网络类 DATA0～DATA7 的等长走线如图 14.46 所示。每绕好一根线，把线设置成保护状态。

由于差分线组内容差为 5mil，长度不够的那根线通常会在不耦合的地方补绕线，如图 14.47 所示。不能在走线的中间补等长。如果内层没有绕线空间，可以选择在顶层进行绕线。

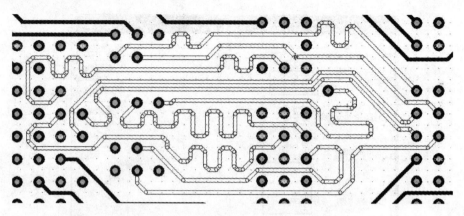

图 14.46 网络类 DATA0~DATA7 等长走线

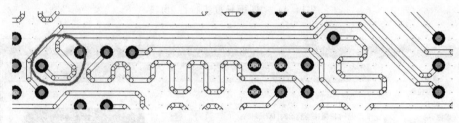

图 14.47 差分走线等长

接下来,继续绕另外一组数据线,完成后效果如图 14.48 所示。最后把地址线绕好,地址线容差为 200mil,绕线难度较数据线小。至此,整个 DDR3 和 CPU 的互连基本完成,完成后效果如图 14.49 所示。

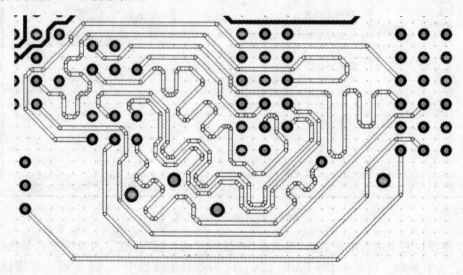

图 14.48 网络类 DATA8~DATA15 等长走线

最后,需要检查相邻两个走线层间是否存在完全重合的走线。在高速 PCB 设计中,相邻两层的信号线是禁止完全重合的,但在某些地方,由于空间、过孔等因素限制,走线必须完全重合。基本上每一款 PCB 都会遇到类似的情况,所以就要折中设计,把可以优化的地方

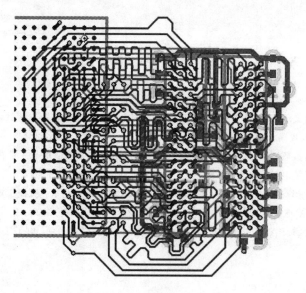

图 14.49 等长完成后效果

尽可能优化到最好。图 14.50 与图 14.51 分别是优化前和优化后的蛇形走线效果。走线优化后,整板设计就完成。

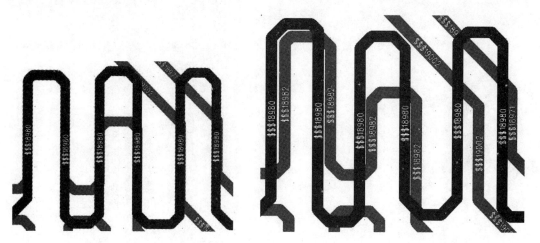

图 14.50 优化前的蛇形走线效果图　　　　图 14.51 优化后的蛇形走线效果图

本章小结

　　本章以单片 DDR3 的 PCB 设计为例,介绍了高速 PCB 设计的约束规则设置、布局和扇出方法、等长线设计。高速 PCB 设计的要求较高,涉及知识面广,读者需加强练习,通过本章的学习,应学会举一反三。

参 考 文 献

[1] 黄杰勇,杨亭,林超文.PADS 软件基础与应用实例[M].北京:电子工业出版社,2015.

[2] 林超文.PADS 实战攻略与高速 PCB 设计[M].北京:电子工业出版社,2014.

[3] 黄杰勇,林超文,周家辉,等.PADS 电路板设计超级手册[M].北京:电子工业出版社,2016.

[4] 周志敏,纪爱华.开关电源实用技术[M].北京:电子工业出版社,2015.

[5] 周润景,江思敏.PADS Logic/Layout 原理图与电路板设计[M].北京:机械工业出版社,2011.

[6] 冯新宇,管殿柱.PADS Logic & Layout 高速电路板设计与仿真[M].北京:电子工业出版社,2014.

[7] 曾峰,巩海洪,陈洪霞.PADS 9.0 高速电路 PCB 设计与应用[M].北京:电子工业出版社,2010.